기댈 수 있는 아이는
흔들리지 않는다

기댈 수 있는 아이는
흔들리지 않는다

# 기댈 수 있는 아이는 흔들리지 않는다

: 아이의 마음을 있는 그대로 비추고 단단하게 키우는 법

**초판 발행** 2026년 3월 21일
**2쇄 발행** 2026년 4월 20일

**지은이** 정우열 / **펴낸이** 김태헌

**기획/편집 총괄** 임규근 / **책임편집** 권형숙 / **교정교열** 김소영 / **디자인** 어나더페이퍼
**영업/마케팅 총괄** 신우섭 / **영업** 문윤식, 김선아 / **마케팅** 손희정, 박수미, 송수현 / **제작** 박성우, 김정우
**펴낸곳** 한빛라이프 / **주소** 서울시 서대문구 연희로2길 62
**전화** 02-336-7129 / **팩스** 02-325-6300
**등록** 2013년 11월 14일 제25100-2017-000059호 / **ISBN** 979-11-94725-40-4 03590

한빛라이프는 한빛미디어㈜의 실용 브랜드로 우리의 일상을 환히 비추는 책을 펴냅니다.

이 책에 대한 의견이나 오탈자 및 잘못된 내용은 출판사 홈페이지나 아래 이메일로 알려주십시오.
파본은 구매처에서 교환하실 수 있습니다. 책값은 뒤표지에 표시되어 있습니다.
**홈페이지** www.hanbit.co.kr / **이메일** ask_life@hanbit.co.kr / **인스타그램** @hanbit.pub



지금 하지 않으면 할 수 없는 일이 있습니다.
책으로 펴내고 싶은 아이디어나 원고를 메일(writer@hanbit.co.kr)로 보내주세요.
한빛라이프는 여러분의 소중한 경험과 지식을 기다리고 있습니다.

# 기댈 수 있는 아이는 흔들리지 않는다

정우열 지음

아이의 마음을
있는 그대로 비추고
단단하게 키우는 법

한빛라이프

“아이들은
자신이 안전하다고 느끼는 만큼만 독립할 수 있다.”

-고든 뉴펠드 Gordon Neufeld

# 의존과 독립 사이에서
# 흔들리는 당신에게

아이의 성장은 늘 조용히 오지 않고, 부모의 마음을 먼저 건드립니다. 사소한 말 한마디에 유난히 화가 치밀어 오르기도 하고, 아이가 조금 멀어지는 느낌이 들면 이유 없이 불안해지기도 하죠. 머리로는 자연스러운 성장 과정이라고 알면서도, 마음은 자꾸 앞서 아이의 미래를 걱정합니다.

'내가 너무 예민한 걸까?'
'이렇게 키우는 게 맞을까?'

이 질문의 이면에는 상반된 감정이 자리합니다. 아이를 잘 키우고 싶은 바람과 혹시 내가 아이를 망치고 있는 건 아닐까 하는 두려움이죠.

저는 정신건강의학과 전문의로서, 그리고 두 아이의 부모로서 이 질문을 수없이 반복해왔습니다. 지금도 여전히 그 물음 앞에 서있습니다. 진료실에서는 성인 내담자의 어린 시절 이야기를 무수히 듣고, 집에서는 아직 성장 중인 아이들을 마주하니까요. 이 과정에서 점점 분명하게 다가오는 개념이 하나 있습니다.

부모를 가장 힘들게 하는 문제의 중심에는 '의존과 독립'이라는 두 가지 욕구가 늘 함께 존재한다는 점입니다. 우리는 흔히 의존을 나약하다 여기고, 독립을 강하다고 생각합니다. 그래서 아이가 부모에게 기대면 순간적으로 불안해지고, 스스로 하겠다고 나설 때는 안도하면서도 괜스레 서운해집니다. 아이가 어릴 때는 '언제까지 이렇게 나만 찾을까' 하고 힘들어하다가, 막상 아이가 자라 나를 덜 찾기 시작하면 '조금만 더 곁에 있어줬으면' 하는 허전함이 밀려오는 것이죠. 이 모순된 감정은 부족한 부모라서가 아니라, 인간이라면 누구나 지니고 있는 너무나 자연스러운 마음의 흐름입니다.

이 책은 '의존을 줄여야 독립한다'는 익숙한 공식에 의문을 던지는 데서 출발합니다. 아이의 독립은 결코 의존을 억제해서 만들어지지 않습니다. 오히려 충분히 의존해본 경험 위에서만 진짜 독립이 자라납니다. 아이가 기댈 수 있는 안전한 관계가 존재할 때 세상으로 나아갈 용기도 생깁니다.

그런데 이것은 아이만의 이야기가 아닙니다. 부모인 우리도 미처 정리하지 못한 자신의 의존과 독립 사이의 갈등을 아이를 키우며 다시 묵직하게 마주합니다. 부모에게 충분히 기대지 못했던 기억, 인정받고 싶었던 간절한 마음, 아직 끝나지 않은 원가족과의 감정적 연결은 아이를 키우는 순간마다 은연중에 모습을 드러냅니다. 이 과정은 부모를 참 아프게 합니다. 그래서 우리는 아이에게 화를 내다가도 스스로에게 실망하고, 아이를 위한다는 명목으로 나도 모르게 내 불안을 아이에게 전하게 되죠.

이 책은 '어떻게 하면 아이를 더 독립적으로 키울 수 있을까'를 묻기보다, '지금 나는 무엇을 두려워하고 있는가', '이 감정은 아이의 문제인가, 아니면 나의 오래된 이야기인가'를 함께 들여다보는 데 목적을 두고 있습니다.

의존과 독립은 어느 한쪽을 선택하는 문제가 아닙니다. 아이의 성장 단계에 따라, 부모의 삶의 단계에 따라 끊임없이 조율해야 하는 균형의 문제입니다. 이 균형은 완벽한 양육 기술

   기댈 수 있는 아이는 흔들리지 않는다

이 아니라, 부모 자신의 마음을 찬찬히 이해하려는 용기에서
시작됩니다.

　이 책을 통해 부모가 조금 덜 불안해지고, 아이를 조금 더 믿
게 되며, 무엇보다 자신을 조금 더 너그러운 시선으로 바라보
게 되기를 바랍니다. 아이를 잘 키우기 위해 이 책을 집어 들었
을지도 모르겠습니다. 하지만 책장을 덮을 즈음에는, 아이뿐
아니라 부모인 나 역시 돌봄이 필요한 존재였다는 사실을 함
께 느끼게 되기를 바랍니다.

　의존과 독립 사이에서 흔들리는 모든 부모에게,
이 책이 작은 기준점이 되기를 바라며.

정신건강의학과 전문의 정우열

# CHAPTER 1
# 의존과 독립의 큰 그림

## 의존과 독립:                                                  17
### 육아와 인생의 가장 중요한 균형점

의존은 나쁘고 독립은 좋은 것일까? ◈ 충분한 의존이 진정한 독립을 만든다 ◈ 사춘기 아이와 부모의 줄다리기 ◈ 아이에게 의존하는 부모의 마음


## 원가족과의 정서적 분리:
### 건강한 육아의 시작                                           32

정서적 분리가 이루어지지 않았을 때의 문제점 ◈ 과거의 미해결된 감정들이 현재의 육아에 미치는 영향 ◈ 원가족과 정서적으로 독립하기 위한 세 가지 방법

# CHAPTER 2
# 발달 단계별 의존과 독립

# CHAPTER 3
# 부모의 태도와 양육의 핵심

CHAPTER 4

# 의존과 독립의 균형을 방해하는 부모 유형

# CHAPTER 5
# 정서적 수용과 대화법

# 의존과 독립의
# 큰 그림

# 의존과
# 독립

## : 육아와 인생의 가장 중요한 균형점

육아의 가장 큰 특징이자 피할 수 없는 고충은 무엇일까요? 그것은 육아가 단순히 아이만 키우는 일에 그치지 않는다는 점입니다. 부모인 나의 어릴 적 성장 과정과 양육 환경을 되돌아보게 되는 과정이기도 합니다. 한 아이를 키우며 동시에 '나'라는 존재를 깊이 들여다보게 되죠. 무의식 속에 잠재되어 있던 과거의 기억들이 현재의 육아와 끊임없이 겹쳐 보입니다. 때로는 긍정적인 감정으로 나타나기도 하지만, 매우 힘들었던 감정들이 불쑥 올라오기도 합니다. 아이에게 화가 나는 이유를 자세히 들여다보면, 부모로서의 '현재의 나'가 아닌 어린 시절의 '과거의 나'가 반응하고 있다는 사실을 깨닫게 됩니다. 육아는 아이를 성장시키는 일을 넘어, 어린 시절의 나와 다시 마주하는 치열한 과정입니다. 때로는 아이가 울 때 내 안의 어린 내가 함께 울고, 아이를 다그칠 때는 어린 시절 부모의 엄격했던 목소리가 내 안에서 되살아나기도 하지요.

이처럼 육아에서 부모를 힘들게 하는 감정의 뿌리를 따라가다 보면, 반복해서 마주치는 질문이 있습니다. '왜 이 순간에 이렇게 흔들리는가', '무엇이 이런 반응을 불러오는가'라는 물음이죠. 이 질문의 중심에는 부모와 아이 모두의 마음을 관통하는 두 가지 핵심 욕구가 놓여 있습니다.

육아에서 가장 중요한 두 가지 개념인 의존과 독립입니다. 이는 부모와 자녀의 인생에서 가장 중요한 개념이죠.


## 의존은 나쁘고
## 독립은 좋은 것일까?

질문을 하나 던져보겠습니다.

"의존이 좋을까요, 독립이 좋을까요?"

관점을 조금 바꾸어 "의존은 나쁜 것이고, 독립은 좋은 것일까요?"라고 물어본다면, 아마 대부분의 부모는 주저없이 '그렇다'고 대답할 것입니다. 우리 사회는 오랫동안 '의존은

　　　　기댈 수 있는 아이는 흔들리지 않는다

나쁜 것, 독립은 좋은 것'이라는 생각을 정답처럼 여겨왔기 때문이죠.

대부분의 부모는 아이가 소위 말하는 엄마껌딱지가 되어 한시도 떨어지지 않으려 하거나, 스스로 할 수 있는 일도 하지 않으려 할 때 미묘한 불편함을 느낍니다. '커서도 계속 이러면 어쩌지?'라는 불안감은 아이의 미래를 부정적으로 그리기 쉽습니다. 그래서 아이가 엄마를 찾을 때 괜히 거부하려는 마음이 들고, 아이를 자꾸 혼자서 하도록 유도하게 되죠. 많은 육아 서적과 유튜브 콘텐츠에서 의존적인 아이를 독립적으로 키우는 법 같은 내용을 다룹니다. 심지어 수면 교육부터 이런 걱정을 하는 분들도 적지 않습니다. 지금부터 분리가 잘 되어야 한다고 생각하는 것이죠.

애착 이론의 창시자인 존 볼비John Bowlby는 초기 양육자와의 관계가 아이의 정서 조절 능력, 대인관계 패턴, 자기감, 심리적 회복력 등에 직결된다는 것을 처음 과학적으로 정립했습니다. 그는 "안정적인 애착 관계는 아이에게 세상을 탐험할 안전 기지를 제공한다"고 했습니다. 양육자에게 충분히 의존했던 아이만이 세상으로 나아갈 수 있는 용기를 얻게 된다는 의미이죠.

낯선 놀이터에 가면 어떤 아이는 엄마 곁에 꼭 붙어 있고, 또 어떤 아이는 금세 친구를 만듭니다. 이때 부모는 "쟤는 잘 노는데 우리 애는 왜 이럴까?" 하며 불안해하죠. 하지만 아이는 부모 곁에서 충분히 안정감을 느낀 후에야 비로소 혼자 나설 힘이 생깁니다.

부모의 가장 중요한 역할이자 육아의 궁극적인 목표는 아

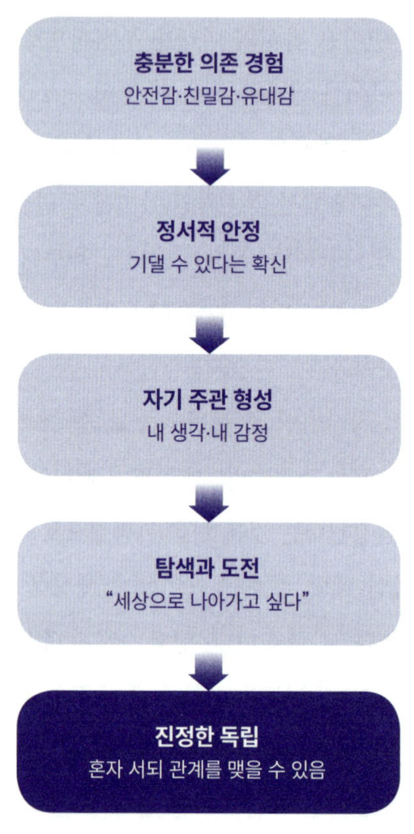



그림1 충분한 의존 경험은 독립으로 이어진다.

 기댈 수 있는 아이는 흔들리지 않는다

이를 독립적인 한 인격체로 성장시키는 것입니다. 그런데 역설적이게도 독립을 위해서는 충분한 의존을 경험하는 과정이 반드시 필요합니다. 아이는 양육자에게 충분히 의존해야 합니다. 이 점만큼은 확실하게 말씀드릴 수 있습니다. 어릴수록 더욱 충분히 의존해야 합니다.


## 충분한 의존이
## 진정한 독립을 만든다


우리가 흔히 말하는 애착(attachment, 부모자녀 간의 정서적 유대)은 아이가 자신의 의존 욕구를 충분히 발휘할 수 있는 대상을 만나는 과정입니다. 아이는 부모와의 관계에서 친밀감과 유대감 및 사랑을 경험하고 의존하게 됩니다. 아이가 어릴수록 의존 욕구가 크기 때문에, 이 욕구가 충분히 충족되어야만 아이는 비로소 다음과 같은 성장의 단계로 나아갑니다.

**점점 성장하며 세상을 향해 나아가고 싶다**

↓

**자기만의 주관이 생긴다**

↓

**세상에 대한 호기심이 생기고 탐색하고 싶다**

위의 세 단계는 모두 자율적이고 독립적인 영역입니다. 아이는 부모를 떠나 세상을 경험하고자 합니다. 때로는 부모가 하지 말라고 하는 것을 해보고 싶어 하는 마음도 생기죠. 이처럼 아이의 내면에 독립적인 영역이 제대로 형성되기 위해서는 아이러니하게도 의존이 필요한 시기에 충분히 의존해보는 경험이 뒷받침되어야 합니다.

제가 이 사실을 거듭 강조하는 이유는 많은 사람이 이 상반된 개념을 혼동하기 때문입니다. 아이가 어릴 때부터 독립적인 인격체로 키워야 한다고 생각해서 '스스로 알아서 하는 습관'을 잡아주려고 노력합니다. 결과적으로는 아이가 독립적으로 성장하지만 그 과정에서 여러 가지 문제가 발생합니다.

의존해야 할 시기에 억지로 독립적인 습관을 만들어주면 어떤 결과를 초래할까요?

겉으로는 독립적인 아이가 됩니다. 스스로 알아서 밥을 먹고, 숙제도 잘하는 모범생처럼 보이죠. 하지만 그 이면에는 의존하고 싶은 대상에게 의존하지 못했다는 결핍감이 마음에 남습니다. 겉은 멀쩡해 보여도 속에는 큰 구멍이 뚫린 듯한 공허함이 생기게 되죠. 이러한 아이들은 양육자에게 의존하고 사랑받고 싶은 욕구가 마음속에서 점점 더 커집니다. 저는 성인이 된 이런 분들을 정신건강의학과 전문의로서 자주 만납니다.

이런 아이들은 자기 할 일을 스스로 알아서 잘하며 굉장히 독립적인 것처럼 보이지만, 외로움을 많이 타고 불안정한 감정으로 힘들어합니다. 그런데도 이런 감정을 해결하기 위해 사람에게 다가가는 것을 어려워하죠. 친밀한 관계를 맺기 위해서는 서로 의존하는 경험도 필요한데, 이들은 이런 행위가 익숙하지 않기 때문에 자꾸 사람 사이에 경계(boundary, 심리적인 거리)를 세웁니다. 부모는 의존하려는 아이의 모습을 '나약함'으로 정의 내리지만, 실은 아이의 마음 근육이 자라는 매우 중요한 신호입니다. 완벽하지 않아도 아이가 의존할 수 있을 정도의 안전한 관계를 맺는 경험이 진짜 독립의 씨앗이 됩니다.

이 아이들은 가급적 도움을 받거나 함께하지 않으려는 행동 패턴을 보입니다. 예를 들어, 발표나 새로운 활동을 앞두면 겉으로는 침착한 척하지만, 불안이 심한 나머지 배가 아픈 등의 신체화 증상이 나타나기도 합니다. 그런데 이 아이들은 긴장

된다고 말하며 도움을 청하지 않습니다. 평소 스스로 해야 한다고 배워온 아이일수록 감정이나 의사 표현을 부탁이 아니라 나약함으로 오해하기 때문입니다.

학교에서 친구들이 쉬는 시간에 장난치고 대화할 때 책상에 혼자 조용히 앉아 있기도 합니다. 어울리고 싶은 마음이 있음에도 불구하고 거절당할까 봐 몸이 먼저 움츠러드는 거죠. 누군가 먼저 말을 걸어주면 대답은 잘하지만, 아이가 스스로 먼저 다가가는 건 어렵습니다. 이처럼 도움을 받거나 함께하고 싶어도 다가가지 못하는 아이들은 겉으로는 독립적이지만, 충분한 의존을 경험하지 못해 관계에 서툽니다.

결국 '외로운데 가까이 다가갈 수는 없고, 그래서 경계를 철저히 세우고 혼자 있으려 하는' 모순적인 상황에 놓이게 됩니다. 이는 인간이 누구나 가지고 있는 본능인 독립의 욕구와 의존의 욕구가 충돌하기 때문에 일어나는 현상입니다. 이 상반된 욕구를 조율하는 것은 어렸을 때부터 죽을 때까지 평생의 과업이며, 끊임없이 균형을 맞춰야 하는 문제입니다.

    기댈 수 있는 아이는 흔들리지 않는다

# 사춘기 아이와
# 부모의 줄다리기

이 균형 맞추기 과업은 인생의 여러 단계에서 다르게 나타납니다.

청소년기를 예로 들어보겠습니다. 우리는 사춘기 아이를 키우는 부모들이 얼마나 힘들어하는지 직접 경험하기 전부터도 수없이 들어서 익히 알고 있습니다. 이 시기의 아이들은 자기주장이 강해지고 고집대로 행동하려 합니다. 이런 모습은 부모와 아이의 친밀한 의존 관계에서 벗어나 독립하려는 것처럼 보입니다. 하지만 부모가 "그래, 네 맘대로 해"라고 했을 때 아이들은 환영할까요? 그렇지 않죠.

예를 들어, "학원 가기 싫어! 숙제도 너무 많아"라고 하면, 부모는 "그럼 학원 줄여. 네 맘대로 해"라고 말합니다. 그런데 아이는 "왜 엄마는 나를 이렇게 무관심하게 방치하는 거야? 다른 애들 엄마는 알아서 이것저것 다 알아봐주고 제시해주는데, 왜 나는 내가 알아서 해야 해?"라고 반대로 반응합니다. 그러다 보니 사춘기 아이를 키우는 부모는 하루에도 열두 번씩 혼란을 겪습니다. 어제는 다정하더니 오늘은 문을 쾅 닫고 들어가 버리죠. 이 시기의 아이들은 마치 이렇게 묻고 있는 듯합니다.

이런 상반된 반응은 왜 나타날까요? 이는 청소년기에 자연스럽게 일어나는 현상으로 문제가 아닙니다. 아이가 진정한 독립으로 나아가기 전에 '테스트 단계'를 거치고 있는 것입니다. '진짜 내가 세상으로 나아가도 될까?'를 확인하기 위해, '내 편이 있다'는 느낌을 더욱 확실하게 알고 싶은 마음이 강해지기 때문입니다.

그래서 아이는 요즘 말로 '긁음'으로써 무의식적으로 부모를 테스트합니다. 말로는 부모가 내 편이 아니라고 불평하면서도 속마음은 기대를 합니다. '내가 이렇게 말을 듣지 않고 내 뜻대로 해도 과연 나를 자식으로서 지지해주고 응원해줄 것인가'를 확인하고 싶은 의존 욕구가 표출되는 거죠. 하지만 부모는 도대체 어느 장단에 춤을 추어야 할지 모르겠다며 힘들어합니다. 이 시기에 부모는 아이의 흔들리는 감정의 줄다리기를 명확하게 이해하고 조율해 나가야 합니다. 그런데 이 균형 잡기는 굉장히 어렵습니다. 부모 역시 의존 욕구와 독립 욕구 사이에서 끊임없이 방황하기 때문이죠.

## 아이에게 의존하는
## 부모의 마음

지금까지 아이가 성장하면서 독립적인 존재로 커가는 자연스러운 방향에 대해 말씀드렸습니다. 다른 한편으로는 부모에게도 반대의 욕구가 있습니다.

많은 부모님이 이런 경험을 하셨을 겁니다.

"아이가 어릴 때는 내 껌딱지여서 너무 힘들었어. 그런데 점점 크면서 나를 벗어나니 편하면서도 뭔가 아쉬워."

이것은 바로 부모의 내면에 상반된 욕구가 공존하기 때문입니다. 아이가 나를 벗어나면 나의 독립 욕구를 충족시킬 시간과 에너지가 생기겠죠. 그래서 아이의 독립이 반가우면서도 한편으로는 '이전처럼 끈끈한 유대감을 더 이상 경험하지 못하는 것 같다'는 미묘한 감정을 느낍니다.

아이가 독립적인 모습을 많이 드러내려고 할 때 부모는 무의식적으로 '조금만 더 내 곁에 있어 줘'라는 마음을 가지게 됩니다. 아이가 독립적인 성인이 된다는 사실에 불안을 느끼는 것이죠. 이는 '아이가 잘할 수 있을까'라는 불안이 아니라, 부모가 아이와의 관계에서 강렬하게 경험했던 의존 욕구가 점점 느슨해지기 때문입니다.

저 역시 예외가 아닙니다. 얼마 전 밀린 집 정리를 하다가 괜히 마음이 울컥했습니다. 아이들이 어릴 때 가지고 놀던 장난감들을 하나둘 꺼내어 정리하고 처분하다 보니, 조금 더 간직하고 싶었던 그 시절의 기억들이 조금씩 희미해지는 것 같아 아쉬운 마음이 들더군요. 고사리 같은 손으로 뭔가를 열심히 만들어 "아빠, 이것 좀 봐!" 하며 나를 부르던 그 시절. 그때는 솔직히 반복되는 그 일이 조금 버겁기도 했습니다. 하지만 시간이 지나고 나니, 그 순간들이 얼마나 소중한 기억으로 남아 있는지 뒤늦게야 깨닫습니다. '좀 더 열심히 봐주고 반응해줄걸' 하는 아쉬움이 마음 한쪽에 남아 있습니다.

이제는 물건을 처분하는 일이 점점 더 고통스럽게 느껴집니다. 이미 지나간 시간을 붙잡고 싶어 하던 마음이 물건을 떠나보내는 순간 함께 정리되는 것 같아서일까요. 괜히 우울해지고, 아쉽고, 그리운 마음이 밀려옵니다.

이런 감정이 바로 부모가 아이에게 느끼는 상반된 욕구의 흔적입니다. 아이가 독립하려고 할 때 부모는 '이제 조금은 나를 벗어났구나' 하는 시원함을 느끼면서도 동시에 조금만 더 곁에 있어줬으면 하는 마음을 품습니다. 아이가 나를 의지하던 순간들이 사라져간다는 사실이 이상하게 마음을 울적하게 만드니까요. 그래서 저는 스스로에게 이렇게 말해봅니다. "기억은 흐릿해졌을지 몰라도 그 시절의 나는 최선을 다했고, 그 순간을 사랑했을 것이다"라고요.

의존은 상호적인 것입니다. 아이만 부모에게 의지하는 것이 아니라, 부모 역시 자신도 모르는 사이 아이에게 의존합니다. 아이가 어릴 때는 친밀감과 유대감을 중심으로 관계를 맺지만, 점차 아이를 놓아주어야 하는 시기가 오면 부모님들도 잠시 미뤄두었던 자신의 독립 욕구를 되찾으려 노력해보세요. 양육에서 균형은 아이뿐만 아니라 부모에게도 매우 중요하기에 거듭 강조드립니다.

의존과 독립의 개념은 비단 육아에만 국한되지 않습니다. 우리는 연애와 결혼을 통해 의존 욕구를 충족하는 과정을 겪습니다. 부모에게 충분히 의존하지 못했던 결핍을 배우자를 통해 채우려고 하는 경우도 흔합니다. 배우자에게서 의존 관계를 찾다가 아이가 태어나면 자연스레 자녀에게로 그 의존 관계가 넘어갑니다. 자녀를 양육하면서 아이에게 의존하는 관계가 형성되는 것이죠.

그런데 아이가 커서 나를 벗어나려고 하는 성인기가 되면 부모는 다시 불안해집니다. 부모에게 충분히 의존하지 못한 아쉬움을 배우자로, 또다시 자녀로 옮겨왔는데, 이제 자녀마저 독립하려 하니 갈 곳이 없어지는 것처럼 느껴집니다. 그때 나타나는 현상이 바로 빈 둥지 증후군empty nest syndrome입니다.

우울증까지 올 정도로 공허함을 느낍니다.

다시 한번 강조하지만, 의존은 나쁘고 독립은 좋은 것이 아닙니다. 사람에게는 누구나 의존 욕구와 독립 욕구가 존재하고, 이 둘 사이에서 끊임없이 저울질하며 균형을 맞춰나가는 것이 평생의 과업입니다.

우리가 아이를 키우며 우울해지거나, 불안해지고 화가 나는 과정들은 대부분 이 균형점에서 무언가가 흔들릴 때 찾아오는 경우가 많습니다. 아이를 키우는 것 이상으로 엄마들의 인간관계가 스트레스가 되는 이유도 바로 서로의 의존과 독립의 욕구가 충돌하기 때문입니다. 아이와의 관계에서는 의존 욕구가 충족되지만, 친구들과의 관계는 멀어지고 마음을 나눌 사람이 없어지면서 새로운 관계를 찾게 되죠. 이때 서로에게 너무 빨리 흡수되어 긴밀한 의존 관계를 형성하다가도 경계를 지키지 못하면 상처받아 관계가 엉키고, 좌절감과 배신감, 상실감을 느끼게 됩니다.

- 진정한 독립은 어릴 적 부모에게 '충분히 의존해본 경험'에서 시작됩니다. 의존은 나약함이 아니라 독립을 위한 마음 근육을 키우는 필수 과정입니다.

- 사춘기 아이의 방황이나 변덕은 부모를 밀어내는 것이 아니라, 독립하기 전 '여전히 나를 사랑하는지' 확인하려는 역설적인 의존의 신호입니다.

- 의존과 독립은 평생 균형을 맞춰야 할 과업입니다. 아이의 성장에 맞춰 부모 또한 아이에게 향했던 의존을 거두고 자신만의 삶과 독립을 차근차근 준비해야 합니다.

# 원가족과의
# 정서적 분리

---

## : 건강한 육아의 시작

부모가 되면 원가족과 심리적으로 분리되어야 합니다. 이 분리가 제대로 이루어지지 않으면, 부모 자신의 미해결된 과제가 육아에 부정적인 영향을 미쳐 심각한 지장을 초래할 수 있습니다. 머레이 보웬Murray Bowen의 가족체계이론에서 말하는 정서적 분화Differentiation of Self라는 개념이 있습니다. 정서적 분화란 "나는 나, 너는 너"라고 분리할 줄 아는 능력입니다. 부모의 감정과 불안을 내 감정으로 끌어오지 않고, 부모의 기대나 요구 및 불안에 휘둘리지 않으며, 내 생각과 감정을 스스로 분명하게 인식하고 표현하는 능력입니다. 나와 부모의 감정이 적절히 분리되지 않은 상태에서는 나의 감정이나 판단, 경계

 기댈 수 있는 아이는 흔들리지 않는다

가 모두 부모에게 휘둘릴 수 있습니다. 따라서 분화도가 낮을수록 부모의 의견에 과도하게 의존하고, 죄책감이나 의무감으로 인해 경계 설정이 어려우며, 자기 감정이 아니라 부모의 기대를 기준으로 선택하는 특징이 있습니다.

원가족과 심리적 분리가 안 된 채 아이를 키울 때 흔히 겪는 예를 알아보겠습니다.

## 정서적 분리가 이루어지지 않았을 때의 문제점

### 1 부모의 인정 욕구를 자녀에게 투사하기

어렸을 때 부모로부터 인정을 못 받고 자란 부모가 아이를 키울 때 어떤 일이 벌어질까요? 이런 분들은 무의식적으로 아이를 잘 키움으로써, 혹은 우리 아이가 뛰어난 능력을 보임으로써 부모로부터 인정받으려는 경향을 보입니다.

예를 들어, 아이가 학업적으로 뛰어나거나 예의 바르게 행동하는 모습을 아이의 조부모에게 은근히 보여주려고 하는 것이죠. 이러한 행동은 바로 그 순간, 반사적으로 일어나기 때문에 당시에는 알아차리지 못합니다. 시간이 지난 후에야 '아, 내

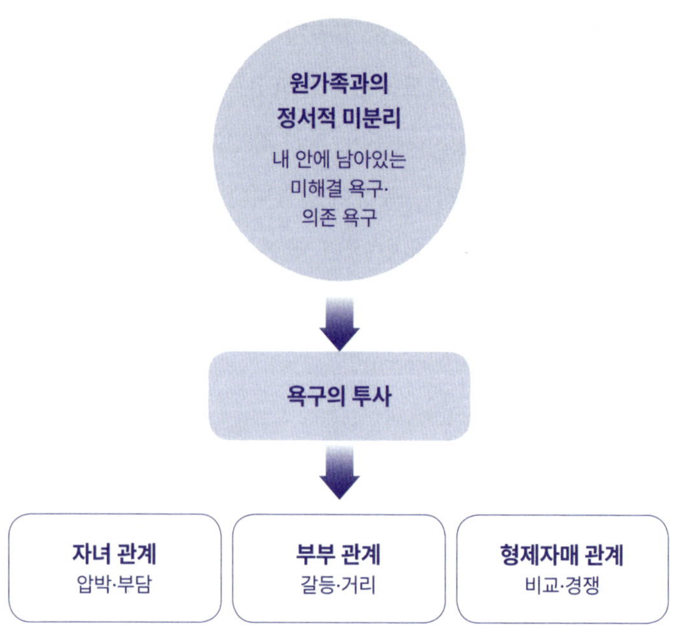


그림2 원가족과 정서적으로 분리되지 못하면 부모가 되어서도 관계에 종속된다.

가 너무 지나쳤구나', '아이를 할머니, 할아버지 앞에서 좋은 행동을 하도록 몰아세웠구나'라고 깨닫는 경우가 많습니다.

나의 불안감이 아이에게 압박감을 주고, 나의 부모님에게 인정받으려 아이의 행동을 유도하는 경우가 매우 흔합니다. 이는 나의 미해결된 욕구, 즉 인정 욕구를 자녀에게 투사(projection, 자신의 생각이나 감정 등을 다른 사람의 것으로 여기는 심리적 방어기제)하는 것입니다. 이 마음이 나도 모르게 아이에게 투사되면,

  기댈 수 있는 아이는 흔들리지 않는다

아이는 부모의 감정까지 책임져야 할 것 같은 압박감을 받습니다. 아이는 생각보다 금세 눈치챕니다. 조부모님 앞에서 예의 바르게 인사할 때나 좋은 성적표를 보여줬을 때 부모의 얼굴이 환하게 밝아지는 모습을 아이는 반복적으로 경험합니다. 그 순간부터 아이는 자신의 욕구보다 부모가 자랑스러워할 만한 행동을 선택합니다. 겉보기엔 모범적이고 성숙해 보이지만, 존재감은 점점 작아집니다.

이런 아이는 자라서도 타인의 시선에 쉽게 흔들립니다. 누군가를 실망시킬까 봐 행동을 늘 조심하고, 칭찬을 받아야만 안심하죠. 결국 자기 감정보다 타인의 기대에 더 예민한 어른이 됩니다. 부모가 자신의 인정 욕구를 자녀에게 투사할 때 그 욕구는 아이의 불안으로 바뀌고 평생 스스로를 긴장시킨 채 살아갑니다.

## 2 부부 관계와 형제자매 관계에 미치는 영향

부부 관계에도 어려움이 흔히 생길 수 있습니다. 나의 부모님이 굉장히 의존적인 성향일 때, 이미 결혼해서 가정을 꾸리고 자녀를 키우고 있음에도 계속해서 나를 통제하려는 경우가 그렇습니다. 결혼 후에도 매일 같이 전화를 걸어 "오늘 저녁은 뭐 먹었니?", "남편은 잘 해주니?" 하며 세세하게 묻거나, 여행이라도 간다고 하면 "왜 나한테 말도 안 하고 가?"라며 섭섭함을 표현하기도 합니다. 이때 부모의 진짜 의도는 감시라기보다 관계 유지입니다. 통제 자체가 목적이 아니라 통제를 통해 긴밀한 관계를 유지하고 의존하고 싶은 것이죠.

문제는 이런 부모의 의존이 나의 배우자에게까지 확장될 때입니다. 예컨대 명절이 다가오면 부모님이 "사위가 이번에는 어떤 선물을 준비했을까?"라든지 "며느리가 어제 전화 안 했더라?" 하며 배우자를 향한 대리 효도를 은연중에 요구합니다. 이런 요구가 반복되면 중재를 아무리 잘해도 배우자는 점점 피로해집니다. 원가족의 간섭을 적당히 거절하지 못하고 오히려 배우자에게 대리 효도를 강요하면 부부 관계에 갈등이 생길 수밖에 없겠죠.

이런 상황에서 갈등의 본질은 효도와 불효의 문제가 아닙니다. 내 부모의 의존 욕구와 성인이 된 나의 독립 욕구가 충돌하는 것입니다. 내 부모는 여전히 나를 자신과 한 몸처럼 여기고, 나는 새로운 가족 안에서 나만의 경계를 세우고 싶어 합니다. 이 상반된 두 욕구가 충돌할 때 우리는 죄책감과 불안을 동시에 느끼며 괴로워합니다.

또한, 형제자매와의 관계에서도 문제가 발생합니다. 만약 형제자매와 경쟁하는 분위기에서 자랐거나 그 경쟁에서 도태

 기댈 수 있는 아이는 흔들리지 않는다

되는 느낌을 경험했다면, 무의식적으로 자녀를 통해 형제자매와 경쟁하려고 합니다. 즉, 조카들과 우리 아이들을 경쟁시키는 것이죠. '우리 아이가 더 우위에 있다'는 것을 부모님이나 형제자매에게 직접적으로 어필하려는 모습을 보입니다.

예를 들어, 동생 아이가 영어유치원에 다니면 '우리 아이도 보내야 하나?' 하는 마음이 듭니다. 부모님이 조카의 발표 영상을 보고 "참 똘똘하더라"라고 말하는 순간, 가슴 어딘가에서 뜨거운 감정이 올라옵니다. 단순한 질투가 아니라, 부모님에게 인정받고 싶다는 오래된 욕구의 잔향이죠. 그래서 무의식적으로 아이를 통해 다시 경쟁을 시작합니다. "우리 아이는 피아노 콩쿠르 나갔어요", "이번엔 전교 회장 됐어요" 같은 말을 부모님 앞에서 자연스럽게 흘립니다. 심지어 SNS에 올리는 아이의 사진조차 형제자매보다 내가 더 잘 키우고 있다는 것을 보여주려는 무언의 메시지일 때도 꽤 많습니다.

문제는 이 경쟁이 내 아이의 삶을 무대로 삼는다는 점입니다. 아이 입장에서는 그냥 나로 살고 싶은데, 왜 자꾸 친척과 비교되어야 하는지 혼란이 생깁니다. 아이의 성취가 사랑받기 위한 도구가 될 때, 아이 역시 또 한 세대의 인정 욕구의 굴레 안으로 들어가는 것이죠.

결국 부모의 의존은 나의 독립을 흔들고, 나의 미해결된 경쟁심은 내 아이의 자율성을 흔듭니다. 의존과 독립의 균형은 나와 아이 사이의 문제일 뿐 아니라, 세대를 넘어 대물림되는 심리적 연결고리인 것입니다.

지금까지 살펴본 것처럼, 원가족과 정서적으로 분리되지 못한 상태에서의 양육은 부모 개인의 문제를 넘어 아이의 삶까지 침범하게 됩니다. 나도 모르게 아이를 내 인정 욕구의 도구로 삼거나, 부모의 간섭에 휘둘리며 배우자와 갈등을 겪는 모든 상황의 중심에는 '미해결된 감정'이 자리 잡고 있습니다.

칼 융Carl Jung은 "미해결된 문제는 반드시 다음 세대에게 그 모습을 드러낸다"고 말했습니다. 우리가 아이를 키우며 마주하는 강렬한 감정적 폭발이나 불편함은, 사실 지금 이 순간의 문제라기보다 과거에 억눌러온 부모에 대한 감정이 수면 위로 올라왔을 가능성이 큽니다. 부모로부터 충분히 독립하지 못한 채 어른이 되었기에, 역설적으로 우리 아이의 독립조차 견디지 못하는 악순환에 빠지는 것이죠.

결국 건강한 양육의 시작은 아이를 잘 훈육하는 기술이 아니라, 부모인 내가 먼저 원가족이라는 뿌리로부터 건강하게 홀로서기를 시작하는 데 있습니다.

그렇다면 우리는 어떻게 해야 원가족과 정서적으로 건강하게 분리되어, 오롯이 '나'로서 아이를 마주할 수 있을까요?

# 원가족과 정서적으로 독립하기 위한
# 세 가지 방법

## 1 미해결된 감정 알아차리기

가장 먼저 해야 할 일은 나의 미해결된 감정들을 인식하는 것입니다. 아이를 키우며 화가 나는 순간은 힘들지만 동시에 내 과거의 감정을 마주하는 기회가 됩니다. 아이에게 "그만해!"라고 소리쳤는데, 돌아보면 너무 과하게 화를 냈다는 걸 깨닫는 순간이 있죠. 그때 왜 이렇게 화가 났는지 그 이유를 천천히 따라가 보면, 이런 내면의 목소리가 숨어 있습니다. '나는 어릴 때 부모님이 두려워 내 마음대로 할 수 없었는데, 너는 왜 이렇게 나한테 막 하니?' 즉, 현재의 분노가 아이 때문이 아니라, 어린 시절 억눌린 내 감정이 되살아난 것이죠. 그때의 나는 부모에게 복종하고 참으며 '착한 아이'로 살아야 했습니다. 하지만 아이가 자유롭게 감정을 표현하는 모습이 과거의 나와 대비되어 묘한 불편함과 질투를 불러일으키는 것입니다.

'이 감정은 단순히 지금의 육아 때문에 생긴 게 아니구나', '어릴 적 내 부모와의 관계에서 억압되었던 감정들이 올라오는 거구나'라는 가능성을 인식해야 합니다. 물론, 이것은 괴로운 일이라 외면하고 묻어두고 싶을 수 있습니다. 하지만 지름

길은 없습니다. 근본적인 문제를 해결하려면 나를 마주해야 합니다. 나를 아는 가장 좋은 방법은 '감정 일기 쓰기'입니다. 감정에 초점을 맞추고, 떠오르는 생각과 감정을 그대로 쏟아 냅니다.

우리는 부모가 되는 순간, 세상의 기대에 따라 우울해서도, 불안해서도, 화를 내서도 안 된다는 압박감을 느낍니다. 하지만 이렇게 내 감정을 억압하고 외면하면 해소되지 않은 감정이 쌓였다가 한꺼번에 터져버립니다. 감정 일기를 꾸준히 쓰다 보면 내 안의 복잡한 감정들이 보이고, 그 감정들을 인식하는 것만으로도 해결의 의미를 갖게 됩니다.

## 2  원가족과의 역할 관계 재정립하기

나도 모르게 '좋은 자녀'의 역할을 계속하고 있었다는 사실을 인식하고, 그 역할을 내려놓는 연습이 필요합니다. 성인이 되어 결혼하고 자녀를 키우면서도 무의식중에는 여전히 착한 딸, 착한 아들의 역할을 수행하고 있을 때가 많기 때문입니다. 흔히 '착한 아이 콤플렉스'라고 하죠. 부모의 기대를 저버리는 행동을 하게 되면 죄책감이 커지고, 부모님을 속상하게 하면 나쁜 자식이라는 생각이 자동적으로 떠오르는 것입니다.



기댈 수 있는 아이는 흔들리지 않는다

착한 아이 역할은 정작 내가 집중해야 할 내 자녀와의 관계나 부부 관계에 방해가 되는 경우가 많습니다. 이를 방지하기 위해서는 원가족과 '건강한 경계(healthy boundaries, 상대방과의 관계에서 나의 심리적 영역을 지키기 위한 일종의 규칙)'를 설정해야 합니다.

예를 들어, "요즘 내 친구들 손주들은 다 영어유치원을 다닌다고 하더라. 너희도 그러는 게 좋을 것 같아." 어머니가 이런 말씀을 하시면 많은 분이 바로 반박하지 못하고, "아, 그런가요. 고민해볼게요"라고 하며 얼버무리죠. 하지만 이런 대화가 반복되면 부모님은 내가 관여해도 되는 관계라고 인식하여 결국에는 더 큰 문제가 발생합니다. 이때는 "의견 주셔서 감사하지만, 우리 가정의 일이니 배우자와 함께 결정할게요"라고 정중하면서도 단호하게 표현할 줄 알아야 합니다. 이것은 반항도 아니고, 부모를 밀어내는 것도 아닙니다. 부모와의 관계에서 성인 대 성인으로 선을 긋는 표현일 뿐이죠. 이러한 태도는 단지 말로 연습하는 것이 아니라, 먼저 나의 미해결된 감정들을 돌아보는 것만으로도 힘이 생깁니다. 감정의 에너지가 줄어들면 분노하지 않고도 차분하게 경계를 설정할 수 있습니다.

원가족과 정서적 분리를 할 때 가장 중요한 단계는 바로 내가 자녀에게 나의 기대나 소망을 투사한다는 사실을 인식하는 것입니다. '내가 부모님한테 인정받지 못했으니, 우리 아이를 통해 인정받아야지'와 같은 무의식적인 마음을 알아차려야 합니다. 어릴 때 부모님에게 "넌 왜 이것밖에 못 하니?"라는 말을 자주 들었다면, 아이의 학원 시험 결과를 볼 때마다 이유 모를 긴장감이 올라올 수 있습니다. '우리 아이는 꼭 잘해야 해. 실수하면 안 돼. 완벽해야 해.'

이때의 불안은 '아이의 실패'에 대한 두려움이 아닌, '다시 내가 실패자로 느껴질까 봐' 하는 두려움입니다. 즉, 과거의 상처가 아이를 통해 재연되는 것이죠.

감정 일기를 쓰다 보면 이러한 마음들이 자연스럽게 보입니다. 진짜 마음을 마주하면 자괴감이 들기도 하겠지만, 그렇다고 외면하면 악순환이 반복될 뿐입니다. 괴로워도 내 마음을 읽고 정리해야 앞으로의 내가 편해지고, 자녀를 독립적으로 키울 수 있습니다.

부모에게 일희일비하는 의존적인 자녀 역할을 계속하다 보면, 나의 자녀도 자연스레 보고 배우기 때문에 의존적인 성향이 대물림될 수 있습니다. 부모로서 자녀에게 정서적인 상호작용은 끊임없이 해야 하지만 지나치게 감정적으로 의존하는 것은 경계해야 합니다. 자녀와도 건강한 경계 설정이 필요합니다. 특히 초등학생 이후 청소년기가 되면서부터는 이러한 경계를 더욱 넓혀가야 합니다. "이건 네가 결정해 봐", "네 마음을 존중할게" 등의 표현을 하면서요. 이것은 자녀의 심리적 독립뿐만 아니라 부모 자신의 독립에도 꼭 필요한 일입니다.

육아 이외의 것, 즉 내가 어떤 삶을 살고 싶은지, 어떤 가치관을 가지고 있는지 등 '나의 인생'에 관심을 갖는 것도 매우 중요합니다. 육아에만 몰두하다 보면 내 생각과 감정은 사라지고, 자녀의 감정 읽기에만 집중하고 그것이 올바른 육아라는 함정에 빠지기 쉽습니다. 하지만 자기 자신과 소통하지 못하는 사람은 자녀와도 진정한 소통을 할 수 없습니다.

원가족과의 정서적 분리를 위해서는 감정 일기를 쓰고, 원가족과의 역할 관계를 재정립하며, 나의 갈등을 자녀에게 투사하지 않는 노력이 필요합니다. 이러한 과정은 결코 쉽지 않지만, 나만 겪는 어려움이 아니며, 외면한다고 해서 해결되지는 않는다는 사실을 깨달아야 합니다. 오랫동안 묻어뒀던 생각과 감정을 마주해야만 지금 내 가족에게 온전히 집중할 수 있습니다.

- 부모의 기대나 불안에 휘둘리지 않고 나만의 생각과 감정을 지키는 정서적 분화가 건강한 육아의 토대가 됩니다.

- 부모의 인정을 받기 위해 자녀를 몰아세우거나 조카와의 경쟁을 조장하는 등 미해결된 인정 욕구를 아이에게 투사하지 않도록 주의해야 합니다.

- 육아 중 감정이 격해질 때 그것이 현재의 상황 때문인지, 과거 원가족 관계에서 억눌린 상처가 되살아난 것인지 감정 일기로 점검해보세요.

- 부모님의 간섭에 무조건 순응하는 '착한 아이' 역할을 내려놓고, 우리 가정의 일에 대해서는 정중하고 단호하게 심리적 경계를 세워야 합니다.

- 육아에만 매몰되지 않고 부모인 나 자신의 삶과 가치관에 귀를 기울일 때, 아이와도 비로소 주체적이고 진정한 소통이 가능해집니다.

# CHAPTER 2

# 발달 단계별 의존과 독립

# 의존과 독립의
# 교차로

## : 초등학생 자녀 키우기

아이가 초등학생이 되면서 부모의 고민은 또다시 시작됩니다. 조금씩 스스로 하는 일이 늘어나는 듯했는데 부모에게 다시 기대려 합니다. 도대체 왜 그럴까요? 어느 순간은 너무 어른스러워 보이는데, 또 어느 순간에는 아직 아기 같아 보입니다. 우리 아이는 대체 어느 발달 단계에 있는 걸까요?

초등 시기는 아이가 의존과 독립 사이를 오가며 정체성을 만들어가는 결정적 시기입니다. 이 시기를 제대로 이해하면 아이의 감정과 행동이 훨씬 선명하게 보입니다.

## 초등학생,
## 의존과 독립의 교차로에 서다

아이가 태어난 직후부터 취학 전까지, 즉 미취학 아동일 때는 의존성이 매우 큽니다. 신생아 때는 전적으로 부모에게 의존할 수밖에 없습니다. 먹여줘야 먹을 수 있고, 재워줘야 잘 수 있으며, 옮겨줘야 이동할 수 있죠. 점점 자라면서 걷고, 자기 주관이 생겨 떼를 쓰기도 하지만 여전히 부모에게 많이 의존합니다.

하지만 아이가 학교에 다니기 시작하는 초등학생이 되면서부터는 상황이 달라집니다. 유치원 때는 놀이터에서 친구와 다투면 "엄마! 친구가 나 밀었어!" 하고 바로 부모에게 달려와 해결을 요청하던 아이가, 초등학교 1~2학년이 되면 교실에서 친구와 다퉜을 때 '내가 먼저 사과해야 하나?', '그냥 다른 친구랑 친해져야 할까?' 같은 고민을 하게 되죠. 이 시기는 '자율성'과 '의존'의 교차로에 서 있는 발달 단계입니다.

왜 그럴까요? 아이는 학교라는 새로운 환경에서 전보다 훨씬 많은 친구와 만납니다. 이는 곧 예전처럼 선생님에게 전적으로 의존할 수 없는 상황이 된다는 뜻이죠. 스스로 친구들과 관계를 맺으려 하고, 문제가 생겼을 때 스스로 해결하려는 시

　　　　　기댈 수 있는 아이는 흔들리지 않는다

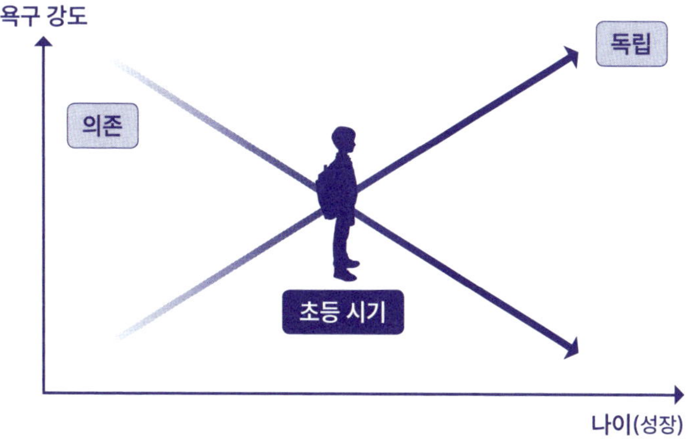


**그림3** 초등학생 시기는 의존과 독립 욕구가 교차하는 시기이다.

도를 합니다. 선생님이 미처 파악하지 못하는 부분들도 아이 혼자 처리해보려 합니다.

또 유치원에서는 선생님이 준비물을 전적으로 챙겨주고 안내하지만, 초등학교에서는 숙제나 준비물을 스스로 기억하고 챙기는 것에 점차 익숙해져야 합니다. 아이의 활동 영역이 집과 학교에서 학원(수학, 영어, 스포츠, 음악, 미술 등)으로 넓어지면서 부모가 꼼꼼하게 파악하거나 간섭하기 어려운 부분이 많아지기도 하죠. 이러한 변화는 아이의 자율성 발달 측면에서 매우 중요한 과정입니다.

몬테소리 교육의 창시자인 마리아 몬테소리<sub>Maria Montessori</sub>는 아이의 자율성 발달에서 가장 중요한 요소로 스스로 해볼 기회를 얻는 것을 꼽았습니다. 그는 "모든 불필요한 도움은 아이의 자율성을 훼손한다"라고 했습니다. 여기서 '불필요한 도움'이란 아이가 스스로 무언가를 해볼 수 있는 기회를 어른이 먼저 개입해 빼앗아버리는 것을 의미합니다. 시간이 걸리더라도 아이가 손을 뻗어보려는 그 찰나의 의지를 지켜보고 기다려주는 것이야말로 자율성의 출발점이라고 보았죠.


## 부모의 불안과 죄책감, 그리고 과도한 통제


부모에게는 아이를 기다려주는 일이 어렵습니다. 아이에게는 중요한 발달 단계이지만 부모의 마음은 불안으로 가득 찹니다. 부모가 가장 불안해하는 시기 중 하나가 바로 아이가 초등학교에 입학하기 직전입니다. 아이의 학교생활을 상상하며 밤잠을 설치는 일이 많습니다. '입맛이 까다로운데 급식은 잘 먹을까?', '친구들이랑 잘 어울릴까?', '선생님이 우리 아이의 성격을 이해해주실까?' 등등 걱정이 꼬리에 꼬리를 물죠. 실제로 우울증이나 불안장애를 앓던 분들이 증상이 호전되었다가

     기댈 수 있는 아이는 흔들리지 않는다

도 아이가 초등학교에 입학할 즈음 불안이 엄습하여 재발하는 경우를 진료실에서 많이 봅니다. 저 역시도 그 시기에 불안을 겪었던 것 같습니다. 그때 연배가 있는 지인이 "육아의 1장을 잘 마무리한 것 축하한다"는 말을 해주셨고, 그 말에 '1장도 잘 했으니 2장도 잘할 수 있겠지' 하며 용기를 얻었던 기억이 납니다.

이러한 불안은 단순히 '아이가 혼자 잘할 수 있을까?'라는 걱정 때문만은 아닙니다. 부모인 나의 심리적 부담이 작용하기 때문입니다. 아이가 부모인 나를 전적으로 의존하던 미취학 시기에서, 자율성을 획득하며 나아가는 초등학생 시기로 넘어가는 것에 적응해야 한다는 심리적 부담감이 커지는 것이죠. 이 시기에는 아이와의 관계를 조금은 느슨하게 하고, 나에게 집중하는 시간을 점차 늘려가야 하는데 잘 되지 않습니다. 무의식적으로 성장 발달의 변화를 느끼지만 마음으로 받아들이기 쉽지 않기 때문입니다.

부모는 여전히 아이와 아주 끈끈한 의존 관계를 유지하고 싶어 합니다. 아이가 학교에서 있었던 일을 자세히 이야기하지 않으면 불안이 커집니다. '왜 말을 안 해주지? 무슨 일 있나?' 하며 자꾸 캐묻다가, 아이가 귀찮다는 듯 "몰라요, 그냥요" 하고 대답하면 서운함과 섭섭함이 동시에 밀려옵니다. 내가 모르는 아이의 친구 관계, 고민, 생각과 감정을 견디기가 힘 듭니다. 단순히 호기심이나 걱정 때문이 아니라, 내가 모르는 부분이 늘어날수록 아이와의 긴밀했던 관계가 점점 느슨해지 는 느낌을 받기 때문입니다. 예전엔 뭐든 나한테 말하던 아이 가, 이제는 '나 없이도 하루를 살아간다'는 지극히 자연스러운 현실을 받아들이기 어려운 상실과 관련된 감정이 깔려 있는 것입니다.

이때 부모는 죄책감도 느끼게 됩니다. 불안이 '앞으로 벌어 질 일'에 대한 두려움이라면, 죄책감은 '이미 지나간 일'에 대한 후회입니다. 이 두 감정은 긴밀하게 연결되어 있습니다. 부모 는 불안을 감당하기 벅차다고 느끼면 죄책감으로 방향을 바꾸 어 자신을 탓하는 방식으로 통제감을 되찾으려 합니다.

예를 들어, 초등학교 1학년 첫 학부모 참관 수업에 갔는데, 쉬는 시간에 혼자 노는 아이의 모습을 보고 자책합니다.

'내가 유치원 때 엄마들 모임에서 어울리지 않아서 아이가 지금 힘들어하는구나.'

'내가 예전에 남들처럼 태권도 학원을 안 보내서 그런가.'

이런 식으로 모든 것을 부모인 '내 탓'으로 돌리며 죄책감에 몰두하게 됩니다. 현실의 불안('우리 아이가 친구를 잘 사귈까?')이 과 거의 후회('내가 뭘 잘못했나?')로 바뀌면서, 불안은 잠시 진정되는 듯하지만 실은 자신을 탓함으로써 통제감을 얻는 것입니다.

　　　　　기댈 수 있는 아이는 흔들리지 않는다

이러한 감정에 몰두하게 되면, 부모는 정작 아이에게 필요한 '시행착오를 겪으며 스스로 성장하는 시간'을 기다려주지 못하고 더욱더 아이를 간섭하고 통제하려 들기 쉽습니다.

## 자율성 없는 의존, 그 결과는 책임감과 자신감 부족

초등 시기는 발달상으로는 아이의 자율성을 존중하고 간섭을 줄여야 하는데, 부모의 마음이 불안과 죄책감에 사로잡혀 자기도 모르게 더 과도하게 관여하게 됩니다. 아이의 발달은 완벽한 부모로부터가 아니라, 실수해도 옆에서 믿어주고 충분히 기다려주는 부모로부터 일어나는데 말이죠.

초등학생이 되면 스스로 책가방을 싸고 알림장을 챙겨야 하지만, 가방을 확인해보면 준비물이나 숙제가 빠져 있기 마련입니다. 이때부터 부모는 불안해집니다. '내일 선생님께 지적당하면 어쩌지?' '아이들 앞에서 당황해서 상처받으면 어쩌지?' 등의 걱정을 하며 필연적인 시행착오의 시간을 견디지 못하고 부모가 대신 가방을 챙겨주거나 알림장을 확인해버리고 맙니다.

또 다른 예로, 학교에서 친구와 다툰 아이가 집에 와서 "오늘 친구랑 싸웠어. 내가 먼저 친구를 발견했는데 내가 인사를 안 해서 삐졌대"라고 털어놓을 때를 생각해봅시다. 아이의 말에 부모가 "그건 네가 잘못했잖아. 다음부터 잘 모르겠으면 엄마한테 먼저 물어보고 행동해"라고 말할 때가 있죠. 엄마의 말 속에는 아이가 상처받지 않길 바라는 보호 심리가 깔려 있지만, 아이의 시행착오를 허용하지 않는다는 함정이 있습니다.

이런 식으로 부모가 불안과 죄책감을 이기지 못해 아이의 시행착오를 대신 감당해주면, 아이는 '나는 혼자 하면 안 되는구나', '엄마는 언제나 정답을 알려줄 거야'라는 생각에 갇히게 됩니다. 시행착오나 실수를 자신의 부족함으로 여기며 모든 것을 부모에게 의지하려 하죠. '나는 이런 걸 스스로 못 해', '엄마한테 물어봐야 해'라는 생각에 갇혀 점점 더 의존적인 아이로 변해갑니다.

이러한 양육 방식은 아이에게 다음과 같은 심각한 문제를 야기합니다.

**— 책임감 발달 저해:** 자율성은 책임감과 밀접한 관련이 있습니다. 스스로 무언가를 시도하고 결정하며 그 결과를 온전히 감당해본 경험이 쌓여야 책임감도 발달하기 때문입니다. 부모가 모든 것을 대신해주면 아이의 책임감은 설 자리를 잃

   기댈 수 있는 아이는 흔들리지 않는다

습니다. 숙제를 하지 않아 선생님께 지적받았을 때 부모가 "왜 미리 말 안 했어? 엄마가 같이 해줬을 텐데!"라며 대신 해주려 하면, 아이는 숙제를 안 한 건 내 책임이 아니라, 엄마가 도와주지 않은 탓이라고 느낍니다.

— **자신감 부족:** 내가 주도하여 잘 해낸 경험을 통해 자신감 self-confidence이 생기는데, 부모의 통제하에 움직이면 잘 되더라도 온전한 자신감을 느끼기 어렵습니다. '이건 내가 한 게 아니구나'라는 마음이 내재되어 있기 때문이죠. 부모가 시험공부 계획을 다 짜주고, 아이는 그저 시키는 대로 따랐을 상황을 가정해봅시다. 성적이 잘 나오고 칭찬을 받더라도 마음속에서는 '내가 혼자 하면 못할 거야'라는 생각이 자라나기 쉽습니다.

— **낮은 자기감:** 스스로 생각하고 느끼는 법을 배우기보다 부모에게 의존하는 것이 익숙해질수록 아이는 자기감(sense of self, '나는 어떤 사람인가'에 대한 주체적인 느낌과 자아 정체성)을 발달시킬 기회를 잃게 됩니다. 자기감은 내 생각과 감정을 스스로 인식하고 표현하는 경험에서 자라기 때문이죠. 하지만 부모가 늘 "이건 이렇게 해야지", "그건 하지 마"라고 판단을 대신하면, 아이는 자신의 내면을 들여다보기보다 부모의 기준에 맞추는 습관을 배우게 됩니다. '엄마는 내가 이걸 하는 걸 좋아할까?',

'이걸 하면 엄마한테 혼나지 않을까?' 같은 사고방식이 뿌리 깊게 자리 잡으면, 청소년기 또는 초기 성인기에 '나는 어떤 사람인가'에 대한 큰 정체성 혼란으로 이어질 수 있습니다.

고학년이 되어서도 스스로 준비물을 챙기지 못해 친구에게 알림장을 빌리거나, 과제를 잊어버릴 때마다 엄마가 안 챙겨 줬다고 말하는 일이 반복되면 어떻게 될까요? 처음 한두 번은 친구들이 도와주겠지만 점차 친구들 사이에서 '자기 일을 스스로 못하는 아이'라는 인식이 생겨납니다. 결국 또래 친구들 사이에서 의존적인 이미지로 굳어지고, 이는 소외되는 경험으로 이어질 수 있습니다. 아이가 상처받을까 도와주려 했던 부모의 말과 행동이 오히려 아이를 사회적으로 고립시키는 역설적인 결과를 낳게 되는 거죠.

하지만 더 큰 문제는 따로 있습니다. 바로 부모와의 갈등이 더욱 심해진다는 점입니다. 초등학생 때 지나치게 의존적인 관계가 지속되면, 아이가 자율성을 키워야 할 사춘기나 청소년기가 되었을 때 '이제 내 맘대로 하고 싶다'는 강한 욕구가 터져 나옵니다. 이때 부모는 '그동안 내가 너를 어떻게 키웠는데 나를 밀어내다니' 하는 서운함과 배신감, 불안을 느끼며 아이를 더욱 통제하려 듭니다. 이는 자연스러운 발달 과정에 역행하는 불필요한 갈등을 일으키고, 결국 부모는 더 간섭하고 아이는 더 멀어지는 악순환으로 이어집니다.

    기댈 수 있는 아이는 흔들리지 않는다

이런 현상은 초등 시기에 아이의 자율성이 충분히 발달하도록 돕지 못했기 때문에 일어납니다. 아이의 자율성을 억눌렀던 불안이 반항이라는 모습으로 바뀌어 부메랑이 되어 되돌아오는 겁니다.

의존과 독립의 교차로인 이 시기에 스스로 시도하고 실수하며, 부모의 지지 안에서 다시 일어서는 경험은 아이의 자율성과 책임감을 키우는 자양분이 됩니다. 이런 과정 없이 부모가 제공하는 안전함에만 길들여지면, 아이는 겉보기에 완벽할지 몰라도 내면은 불안과 자기 확신이 부족한 상태로 자라게 됩니다.

- 초등 시기의 오락가락하는 의존과 독립은 문제가 아니라, 아이가 스스로 자율성을 찾아가는 건강한 신호입니다.

- 부모의 불안과 죄책감은 때로 과도한 통제가 되어 아이가 스스로 성장할 기회를 빼앗을 수 있습니다.

- 이 시기에 필요한 것은 '완벽한 보호'가 아니라 실수해도 다시 시도할 수 있다는 관계의 안전감입니다.

# 초등 자녀의 자율성을 존중하고
# 의존을 지원하는 실질적인 방법

## : 자율성과 의존 사이에서 균형 잡기

초등 시기는 자율성이 커지는 만큼 부모의 역할이 매우 중요합니다. 그렇다면 우리는 아이의 자율성과 의존성 사이에서 어떻게 균형을 잡아줘야 할까요? 자율성을 존중하면서도 의존을 지원하는 구체적인 방법에 대해 고민해보겠습니다.

### 자율성을 키우는
### 두 가지 실천

아이의 자율성을 키우는 방법 중 가정에서 당장 적용해볼 수 있는 방법 두 가지를 소개합니다.

## 1 집안일 시키기

첫 번째 방법은 집안일 시키기입니다. 저는 번거롭지만 억지로 아이들에게 집안일을 분담시키곤 합니다. 창문을 열어 환기하기, 건조기에서 건조된 옷 꾸러미 가져오기 등을 시키곤 하는데요. 당연히 부모의 몫이라 여겼던 일 중에도 잘 찾아보면 아이들이 스스로 하거나 도울 수 있는 것들이 많습니다. 제가 집안일을 시키는 이유에는 여러 가지가 있지만, 아이의 자율성을 키워주려는 목적이 가장 큽니다.

아이에게 집안일 시키기에 대해 미안함을 느끼는 부모님이 많습니다. 학업에 지친 아이에게 내 일까지 떠넘기는 것 같아 마음이 쓰이는 것이죠. 하지만 이는 부모의 일을 미루는 개념이 아닙니다. 아이에게 적절한 책임을 부여함으로써 자율성을 길러주는 매우 중요한 교육 과정입니다.

간단한 방 청소, 물건 옮기기, 이불 정리부터 시작해 분리수거나 설거지 같은 일도 아이가 할 수 있습니다. 이런 경험을 통해 아이는 집안에서 자신의 역할을 깨닫고, 가족의 중요한 구성원이라는 인식을 하게 됩니다. 또한 자신이 가정에 기여하는 존재임을 인정받는 경험도 하게 되죠. 저희 아이들도 시작 전에는 불만을 늘어놓다가, 막상 일을 마치고 나면 묘하게 만족스러운 표정을 짓곤 합니다.

물론 아이들은 실수하기 마련입니다. 청소 상태도 완벽하지 않고, 설거지는 안 하느니만 못하게 대충 하기도 하죠. 심지어 그릇을 깨뜨릴 수도 있습니다. 하지만 바로 이 지점에서 부모의 역할이 굉장히 중요합니다. 아이가 미숙한 모습을 발견했을 때 바로 나서서 도와주거나 해결해주기보다는 '한 템포 기다려주는 것'이 중요합니다. 아이가 실수나 부족함을 통해 스스로 보완할 점을 찾고, 배울 수 있도록 지켜봐줘야 합니다. 만약 부모가 개입하고 싶다면, 아이를 압박하지 않는 선에서 차분하게 아이의 계획을 물어봐야 합니다.

*"혹시 어떻게 해결하면 좋을지 생각해봤어?"*

*"참 어려운 상황인 것 같아. 해본 적이 없으니까 어떻게 하면 좋을까?"*

아이가 막막해한다면 "이런 방법도 있고 저런 방법도 있는데, 너는 어떻게 하고 싶니?"와 같이 선택지를 줄 수도 있습니다. 이때 중요한 것은 "그것도 제대로 못 하나"라는 비난의 뉘앙스를 풍기지 않는 것입니다. 아이의 자율성을 증진시키는 과정임을 인식하고, 여유 있는 마음으로 기다려주어야 합니다.

딸이 처음 설거지를 하던 초등학교 저학년 때가 떠오릅니다. 나름대로 천천히, 아주 쉽게 설명을 해주었고, 딸도 잘 이해하고 의욕이 넘쳤지만 실전은 달랐습니다. 처음인지라 시행착오를 많이 했습니다. 물을 세게 틀어 바닥이 흥건해졌고, 그릇 하나는 금이 갔습니다. 게다가 크기를 무시하고 그릇을 쌓다 보니, 가장 위에 올린 큰 그릇 때문에 와르르 무너져내렸습니다. 저는 근처에서 슬쩍 지켜보고 있었습니다. "그렇게 하면 물이 다 튀잖아, 그냥 내가 할게", "생각을 좀 해. 큰 그릇부터 쌓아야 균형이 맞을 거 아냐?"라는 말을 잘 참고 또 참으며 한 시간 정도 걸린 딸의 첫 설거지를 묵묵히 기다려주었습니다. 그 기다림 덕분에 지금까지도 딸이 설거지를 하고 싶어 한다고 생각합니다.

## 2 가족 일정에 참여시키기

두 번째 방법은 가족 여행이나 나들이, 외식 같은 일정을 계획할 때 아이를 참여시키는 것입니다. "이번 주에 어디 가기로 했어"라고 통보하는 방식보다는, 의사 결정 과정에 함께할 기회를 조금씩 늘려나갑니다.

자기결정이론의 창시자인 에드워드 데시Edward L. Deci는 "사람은 스스로 선택하고 있다고 느낄 때 동기와 수행력이 가장 높아진다"라고 말했습니다. 가족 일정을 정하는 소소한 과정에서도, 아이에게 선택권을 줄 때 아이는 자연스럽게 책임감을 느끼고 자율성을 키워나갈 수 있습니다. 여행지나 식당을 직접 찾아보며 자신의 취향을 고민해보고, 이를 바탕으로 자신의 의견을 주장하는 기회를 가질 수 있습니다. 물론 이 과정이 항상 매끄러울 수는 없습니다. 아이는 가족 전체의 상황을 고려하기보다 자기 위주로 생각할 수도 있고, 때로는 모두에게 만족스럽지 않은 장소를 고를 수도 있습니다. 이때 부모의 태도가 다시 한 번 중요합니다.

"거봐, 네가 선택했더니 별로였지?"

"네가 원해서 갔는데 제대로 즐기지도 않았잖아."

이런 식으로 아이의 결정을 비난하거나 책임을 전가하는 말을 해서는 안 됩니다. 부모가 굳이 지적하지 않아도, 아이는 자신이 선택한 결과를 마주하며 스스로 보고, 생각하고, 느낄 수 있습니다. 만약 무언가 생각처럼 안 되었을 때 아이는 나름대로 원인을 분석하며 '다음번엔 더 신중하게 결정해야겠다'고 생각합니다. 부모는 이 과정을 길게 보고, 아이가 편안하게 참여할 수 있는 분위기를 만들어주는 역할을 해야 합니다.

저는 아이들이 어릴 때부터 여행지 등의 의견을 묻고 구체적인 일정을 함께 결정했습니다. 성격이나 기호가 다른 아이들은 의견이 늘 갈렸고, 이는 남매 갈등의 원인이 되기도 했습니다. 언젠가 아내가 "우리끼리 결정하는 게 분란도 없고 깔끔할 것 같다"고 하더라고요. 의사결정의 효율성이나 감정소모의 여지를 줄이는 데만 집중하면, 부모가 결정하는 것이 낫습니다. 하지만 그것은 아이의 자율성 발달을 지연시키는 빠르고 편리한 선택일 뿐입니다.

자율성은 눈앞의 효율보다 시간이 걸리더라도 아이가 스스로 판단하고 책임지는 경험 속에서 자랍니다. 부모가 해야 할 일은 완벽하고 빈틈없는 결정을 대신해주는 것이 아니라, 아이의 미숙한 결정이 안전한 시행착오로 이어지도록 믿고 지켜봐주는 것입니다.

이런 경험이 쌓일 때 비로소 아이는 스스로 하고 싶어 하는 마음이 쌓여가고, 이것이 바로 자율성의 씨앗이 됩니다.


## 의존성을 지원하는
## 두 가지 방법

그렇다고 자율성만을 지나치게 강조해서는 안 됩니다. 아이



기댈 수 있는 아이는 흔들리지 않는다

는 여전히 의존과 독립의 교차로에 서 있기 때문이죠. 초등 시기에도 부모를 의지하고, 따뜻한 도움과 격려, 지지를 필요로 합니다. 자율성을 키워주는 것만큼이나 의존성을 적절히 지원하는 것도 매우 중요합니다.

아이의 의존성을 키우는 방법 중 가정 분위기를 바꾸는 두 가지를 알아보겠습니다.


## 1 정서적 안전망 제공하기

아이가 과제를 수행하다가 실수하거나 실패하고, 어려움을 겪을 때 부모는 순간적으로 불안이 엄습해옵니다. 이를 해소하기 위해 무의식적으로 아이를 비난하는 말을 할 때도 있습니다. 이때 반드시 주의할 점이 있습니다. 나도 모르게 비난의 말이 새어 나오려는 순간, 즉시 입을 닫고 이 상황에서 아이가 무엇을 배울 수 있는지에 집중하는 태도를 취해야 합니다. 다시 말해, 아이가 부모에게 충분히 기댈 수 있도록 '심리적 안전감'을 제공하는 것입니다. 아이는 부모의 끊임없는 '정서적 안전망(emotional safety net, 위기나 어려움에 처했을 때 기댈 수 있는 심리적 버팀목)'을 필요로 합니다. 자율성을 강조하려는 명목으로 아이를 방치하는 느낌을 주어서는 안 됩니다. "네가 스스로 결정하면 책임도 혼자 다 져야 해"라며 지나치게 몰아세우면, 아이는 혼자라는 느낌을 받기 쉽습니다. 아이가 언제든 도움을 요청할 때 부모는 기꺼이 지지하고 격려할 준비가 되어 있다는 믿음을 주어야 합니다.

아이가 실수했을 때 "그랬구나", "괜찮아, 계속 해봐"라고 말해주고, 위로와 격려를 아끼지 마세요. 결과가 미흡하더라도 "그 과정에서 이런 건 참 잘했다", "다음에는 보완하면 돼" 같은 말을 해주며, 아이가 계속해서 도전할 수 있는 기회의 장을 마련해주는 것이 중요합니다.


## 2 실수를 허용하는 분위기 만들기

부모는 아이의 시행착오 또는 실수를 쉽게 허용하지 못합니다. 아이가 고통받는 것을 원치 않을 뿐더러 앞으로 갈 길이 구만리기에 실수를 비효율적이라고 생각하는 것이죠. 또한 부모로서 모범을 보여야 한다는 강박에 사로잡히기 쉽습니다. 하지만 아이의 성장에 있어 '실수를 허용하고 시행착오를 경험하는 것'은 정말 중요합니다.

아이는 자율성이 커지고 의존성이 줄어드는 초등 시기에 겪는 여러 갈등과 시행착오를 통해 성장합니다. 이 시기에 부모

 기댈 수 있는 아이는 흔들리지 않는다

가 지나치게 실수를 미리 막거나 서둘러 해결해주려 한다면, 당장은 모두가 편할지 모르지만, 장기적으로는 아이에게 독이 됩니다. 부모의 지지를 발판 삼아 자율성과 책임감을 위해 도전하려는 아이의 마음을 방해하기 때문입니다.

따라서 실수를 유연하게 수용하는 분위기를 만들고, 아이가 실수로부터 회복하려는 과정 역시 꾸준히 격려해주어야 합니다. 숙제를 할 때도 마찬가지입니다. "숙제 먼저 하고 놀아"라고 강요하기보다, "숙제 먼저 할래, 아니면 저녁 먹고 할래?"처럼 선택지를 주어 자율성을 촉진시켜야 합니다. 만약 아이가 자신의 결정에 따른 결과를 내지 못했어도(미뤘던 숙제를 다 못했더라도) "거봐, 내 말 들었어야지"라고 비난하기보다는 이 경험을 통해 스스로 배울 수 있도록 질문해야 합니다.

"막상 해보니 어땠어?"

"앞으로는 어떻게 해보고 싶니?"

스스로 생각하고 판단한 결과를 부모는 존중해주고 인정해주어야 합니다. 이런 경험을 통해 얻은 힘으로 아이는 다음번에는 똑같은 실수를 반복하지 않거나, 더 나은 방법을 찾으려고 노력할 것입니다. 스탠퍼드대 심리학과 교수인 캐럴 드웩 Carol S. Dweck은 "되어가는 과정이 이미 되어 있는 상태보다 더 중요하다"라고 말했습니다. 이는 아이가 실수를 거치며 성장한다는 사실을 인정하고, 결과보다 시도 자체를 존중해야 한다는 뜻입니다. 아이는 크고 작은 시행착오를 겪으며 자신의 선택에 대한 책임을 느껴보고, 막막한 순간에는 부모에게 도움을 요청해봅니다. 부모는 아이의 시행착오를 너그럽게 이해하고 기꺼이 지지해주는 태도를 보여줍니다.

아이가 받아쓰기 시험에서 평소보다 낮은 점수를 받아왔을 때를 떠올려봅시다. 아이는 이미 풀이 죽어 있는데, 부모의 머릿속에는 '이러다 학습 습관이 잘못 잡히면 어쩌지', '지금 바로 잡아줘야 하는 것 아닐까' 하는 불안이 빠르게 스쳐 지나갑니다. 그래서 무심코 "왜 이렇게 틀렸어?", "좀 더 집중했어야지"라는 말이 나오기 쉽습니다. 하지만 이때 아이에게 필요한 것은 평가가 아니라 안전감입니다. "속상했겠다", "어디가 어려웠는지 같이 볼까?"라고 말해주면 아이는 다시 시도해볼 힘을 얻습니다. 부모의 반응 하나가 '나는 부족하다'는 기억으로 남을지, '다시 해볼 수 있다'는 경험으로 남을지가 갈리는 순간입니다.


## 부모의 불안을
## 다스리는 것이 핵심

이 모든 것을 꾸준히 실천하려면 부모 자신의 불안을 인지하고 다스리는 일이 가장 중요합니다. 자율성을 존중하려고 해도 막상 아이가 시행착오를 겪거나 느리게 행동할 때면 불안이 올라와 본능적으로 개입하게 됩니다. '그냥 뒀다가 실패하면 아이가 상처받을 텐데' 하는 생각이 들면서 결국 다시 통제적인 방식으로 돌아가게 되죠.

이때 부모는 자신의 불안이 아이 때문인지, 나 자신에게서 비롯된 것인지 냉정히 구분해야 합니다. 대개 부모의 통제 욕구는 아이가 잘되길 바라는 마음보다, 부모 스스로 자신의 불안을 견디기 힘들어하는 데에서 시작됩니다. 즉, 아이의 불확실한 미래나 미숙한 행동이 내 안의 잠재된 불안을 자극하고, 그 불편한 마음을 해소하기 위해 아이를 통제하려 드는 것이죠.

내가 왜 아이에게 통제적이고 보호적인지, 내 불안을 아이에게 투사하고 있지는 않은지 스스로 알아차리는 것이 변화의 첫걸음입니다.

"우리 아이는 책임감이 없어서 항상 내가 챙겨야 해요"와 같은 말들을 자주 한다면, 실제로는 '나는 불안을 잘 견디지 못한다'는 부모의 심리 상태를 반영한 것일 수 있습니다. 따라서 아이를 변화시키려 애쓰기보다, 지금 내 마음속에서 어떤 불안이 요동치고 있는지, 나는 왜 아이의 실수를 이토록 견디기 힘들어하는지 스스로에게 질문하는 습관이 선행되어야 합니다.

이러한 자기 인식은 혼자만의 노력으로 한계가 있을 때가 많습니다. 때로는 아이, 배우자, 혹은 가까운 지인의 피드백이 도움이 됩니다. 물론 아이를 키우며 자존감이 낮아졌는데 "엄마 나한테 잔소리가 너무 심해", "당신은 아이가 힘들어하는 걸 못 보는 것 같아" 같은 말을 들으면, 본능적으로 날 선 방어기제가 올라오곤 합니다. 그럴 때는 잠시 멈춰 '혹시 내가 불안해서 그런 건 아닐까?'라고 멈춰 생각해보세요.

아이의 자율성을 길러주는 일은 부모 자신의 정서적 훈련 과정이기도 합니다. 부모가 자신의 불안을 관찰하고 다스릴 수 있을 때 비로소 아이에게도 "실패해도 괜찮아, 네가 해보는 게 중요해"라는 핵심 메시지를 진정성 있게 전달할 수 있습니다.



기댈 수 있는 아이는 흔들리지 않는다

- 아이의 자율성은 효율적인 결과가 아니라, 스스로 결정하고 가정과 사회에 기여하는 기회를 가질 때 그 속에서 자라납니다.

- 방치가 아닌 정서적 안전망이 되어주세요. 실수해도 비난받지 않는다는 믿음이 아이를 독립하게 합니다.

- 개입하고 싶은 조급함이 밀려오면 아이를 믿고 한 걸음 뒤에서 잠시만 더 지켜봐주세요.

- 명령 대신 질문과 선택을 활용해보세요. "어떻게 하면 좋을까?"라고 묻고, 아이가 직접 고를 수 있는 선택지를 주세요.

- 아이를 통제하고 싶을 마음이 들 때는 그것이 아이를 위한 것이지, 나의 불안 때문은 아닌지 먼저 살펴보아야 합니다.

# 혼자 하고 싶다는 아이,
# 아이의 독립 선언에 대처하는 법

## : 청소년기 갈등의 본질

지금까지 초등 시기의 발달 과정에서 나타나는 의존과 독립의 교차점을 살펴보았습니다. 이제부터는 청소년기에 접어든 아이들에게 이 두 개념이 어떤 양상으로 나타나는지 짚어보려 합니다.

사춘기 자녀와 갈등을 겪는 많은 부모님이 '중2병'이라는 말로 아이를 정의하거나, 하루에도 몇 번씩 '도를 닦는 기분'이라며 고충을 토로하곤 합니다. 사춘기 자녀와의 갈등을 해결하는 단기적인 방법에만 급급하기보다, 아이의 행동 이면에 깔린 발달 단계의 특성을 이해해야 합니다. 특히 의존과 독립이라는 관점에서 바라보면, 아이의 이해할 수 없는 행동에 대

그림4 청소년기는 독립 욕구가 커진 시기이지 의존 욕구가 사라진 시기가 아니다.

한 훨씬 명확한 답을 얻을 수 있습니다.

청소년기에는 이전보다 더욱 독립 욕구가 강해지지만, 의존 욕구가 완전히 사라지는 것은 아닙니다. 애착이론을 창시한 존 볼비는 안전기지(safe base, 아이가 기댈 수 있는 안전한 피난처)를 영유아뿐 아니라 전 생애적 개념으로 설명했습니다. 청소년 시기는 독립을 시도하지만 정서적 기반은 여전히 필요하기에, 부모는 여전히 남아 있는 의존 욕구를 아주 섬세하게 다뤄주어야 합니다. 이 과정이 제대로 이루어져야 아이들이 정서적인 안정감 속에서 독립성을 발달시키고, 건강한 자아를 형성해 나갈 수 있습니다.

## 갈등의 근본 원인
## : 의존과 독립의 충돌

청소년기에 나타나는 부모와 자녀 사이의 수많은 갈등은 결국 의존 욕구와 독립 욕구가 충돌하며 빚어지는 현상입니다.

— **시간 관리:** 아이들은 공부와 여가 시간 사이에서 스스로 균형을 잡으려 애씁니다. 하지만 SNS나 게임에 많은 시간을 쏟다 보니, 부모의 기준과 충돌하며 갈등을 빚곤 합니다. 이럴 때는 '어떻게 하면 아이를 철저히 통제할까?'가 아니라 '어떻게 하면 이 중요한 의존과 독립이라는 관점에서 아이를 도울 수 있을까'를 고민해야 합니다.

— **친구 관계:** 부모는 아이가 어릴 때는 친구를 잘 사귀길 바라지만, 청소년기가 되어 학업에 집중해야 할 때가 되면 은근히 친구 관계를 부담스러워하거나 부정적으로 바라보게 됩니다. 아이가 친구와 외출하려 할 때 부모와 실랑이를 벌이는 것도 이 때문이죠. 이럴 때 '어떻게 하면 친구에게 빠지지 않게 할까?'가 아니라, '어떻게 하면 아이에게 친구 관계가 얼마나 중요한지 인정하고 신뢰를 해치지 않는 선에서 규칙을 세울까?'를 제시해야 합니다.

 

— **외모와 패션:** 패션이나 화장에 눈을 뜨고 헤어스타일에 관심을 갖는 것은 자연스러운 일입니다. 이는 단순히 외모를 꾸미는 것을 넘어, 친구들과의 연대 관계를 강화하고, 자신의 정체성을 표현하는 중요한 수단입니다. 부모는 아이가 단정하고 모범생처럼 보이길 바라지만, 이 기대가 아이의 표현 욕구와 충돌하면 갈등이 생깁니다. 이럴 때 부모가 던져야 할 질문은 '어떻게 하면 단정하게 옷을 입힐까?'가 아니라, '아이의 표현 욕구를 존중하면서 상황과 장소에 맞는 어울리는 사회적 가이드를 어떻게 제안할까?'를 생각해야 합니다.

— **진로 문제:** 중·고등학생이 되면 진로에 대한 고민이 깊어집니다. 그런데 아이의 관심사나 목표가 부모의 기대와 다른 경우가 꽤 많습니다. 아이의 관심사가 부모의 눈에 불확실해 보일 때, 부모의 마음에는 근심이 깃들고 이는 곧 아이와의 갈등의 씨앗이 됩니다. 이때는 '어떻게 하면 아이가 이상에만 치우치지 않고 현실적인 선택을 할까?'가 아니라, '아이가 어떤 분야에 관심과 열정이 있는지 이해하고, 적절한 지원을 제공할까?'를 제안해야 합니다. 부모의 도움과 조언은 아이가 이해받는다는 느낌을 받을 때 비로소 효과를 발휘합니다.

— **사생활과 프라이버시:** 청소년기에는 부모에게 비밀이 많

아져, 방문을 잠그거나 핸드폰 비밀번호를 철저히 관리하는 등 자신만의 공간을 확보하려 합니다. 부모는 머리로는 자연스러운 현상이라고 이해하지만, 불안한 마음에 과민하게 반응하고 결국 갈등이 생깁니다. 이때는 '어떻게 하면 아이의 마음을 열어 예전처럼 가족에게 개방적으로 만들까?'가 아니라, '개인적인 공간과 프라이버시를 존중하면서도 가족의 가치를 어떻게 함께 조율할까?'에 집중해야 합니다.

프라이버시는 아이가 누려야 할 당연한 권리이지만, 그만큼의 책임과 신뢰가 뒷받침되어야 한다는 사실을 아이와 함께 공유하는 과정이 반드시 필요합니다.

**— 금전 문제:** 청소년기의 금전 문제는 단순한 돈 문제나 소비 습관 문제가 아닙니다. 그 이면에는 자신의 욕구와 필요성을 부모에게 인정받고 싶어 하는 마음이 자리 잡고 있습니다. 현실적인 이유로 아이의 요구를 반복해서 거절하면, 아이는 자신의 자율성과 독립성이 묵살당했다고 느낍니다. 이는 자아발달의 기회를 빼앗고, 부모와의 정서적 갈등을 누적시켜 결국 관계를 악화시킵니다.

이 모든 갈등에서 부모가 쉽게 선택할 수 있는 방법은 아이를 통제하는 것이지만, 이는 장기적으로 더 큰 문제를 초래합니다.

# 지나친 통제가 낳은
# 두 가지 극단적 결과

지나친 통제는 단순히 관계를 악화시키는 데서 그치지 않고, 아이의 성장 발달에 부정적인 영향을 미칩니다.

## 1 가짜 독립성: 단절과 반항

가장 흔하게 우려하는 것은 극단적인 반항과 단절입니다. 통제에 지친 아이는 부모와의 관계를 거부하고 심지어 끊어내려 합니다. 성인이 되자마자 독립을 시도하고자 비밀리에 계획하는 청소년들도 적지 않습니다. 고등학교 때까지 부모에게 철저히 순응하며 살던 아이가 대학에 들어가자마자 급변하는 경우도 많죠. 기숙사 생활, 소비, 연애, 수업, 진로 등 모든 것에 대해 부모 생각은 철저히 무시하거나, 부모 뜻과는 정반대의 행동을 하며 과도하게 독립적으로 행동하기도 합니다. 중요한 결정을 할 때마다 부모의 의견을 극도로 거부하면서도 막상 혼자 결정해야 할 순간에는 불안을 이기지 못하고 친구나 챗GPT 같은 인공지능에게 의존하곤 합니다. 스스로 판단하고 책임지는 법을 배우지 못한 아이들은 결국 자기조절에 어려움을 겪고, 학업이나 대인관계에서 예상치 못한 갈등을 빚기도 합니다.

언뜻 보기에는 자기주장이 강하고, 스스로 판단하는 듯보입니다. 그래서 '독립적'이라고 오해하기도 하지만, 이는 진정한 독립이 아닌 '가짜 독립성'입니다. 이들은 겉으로는 독립적인 듯 당당해 보이지만, 내면에는 깊은 불안을 숨기고 있습니다. 부모의 통제에 대한 심리적 갈등이 커서, 그 반대 영역인 독립성을 지나치게 추구하는 것이죠. 이는 진짜 독립이라기보다 통제의 반작용으로 생긴 불안한 자율성이며, 역설적이게도 자신의 선택이 아닌 부모의 거부를 기준으로 행동한다는 점에서, 부모에게 영향을 더 크게 받고 있는 것입니다. 이런 아이들은 성인이 된 후에도 인간관계에서 갈등을 크게 겪습니다. 누군가의 간섭을 과도하게 두려워하거나, 반대로 타인에게 쉽게 의존하는 양극단의 모습을 보이기도 합니다. 이는 부모의 사랑과 지지를 내면화한 채 스스로 선택하고 책임지는 경험을 쌓아가며 형성된 안정적인 독립이 아니기 때문입니다.

## 2 과도한 의존성: 무기력과 미성숙

어떤 아이들은 부모의 통제에 그대로 순응하며 과도한 의존성을 지닌 채 성장합니다. 문과 성향이 강한 학생이 "문과 나

 기댈 수 있는 아이는 흔들리지 않는다

와서는 먹고살기 어렵다. 이과로 가라"는 엄한 아버지의 한마디에 순응하면 어떤 일이 벌어질까요? 결국 대학 전공 선택까지 모두 아버지가 정해준 대로 따르게 될 가능성이 큽니다. 아이는 독립적인 주장을 하거나, 행동하려는 시도 자체를 무의식적으로 포기하고 체념하기 때문에 부모와의 갈등도 심하지 않습니다. 그 결과 자기주장을 반복하며 자아정체성을 형성하는 기회를 얻지 못하게 됩니다. 성인이 되어서도 부모의 조언 없이는 진로, 연애, 결혼 등 어떤 선택도 스스로 하지 못하는 무기력한 상태에 빠지게 되죠. 이는 성인이지만 여전히 청소년 같은 미성숙한 상태로 머물게 되는 결과를 낳습니다. 과도한 의존성의 핵심은 스스로 결정하고 책임져본 경험이 없다는 데 있습니다. 이 경험의 부재는 시간이 지나 성인이 되었을 때도 삶의 밑바탕에 남아 무기력이나 자기감 부족으로 이어집니다.

## 청소년기의 핵심
## : 남아 있는 의존 욕구에 주목하라

이를 방지하려면 어떻게 해야 할까요? 우선 부모와 자녀 사이의 갈등이 무조건 부정적이라는 오해부터 풀어야 합니다.

자아정체성에 대한 연구 중 대표적인 자아발달이론의 창시
자 에릭 에릭슨Erik Erikson은, 정체성은 부딪히는 경험을 통해 만
들어진다고 했습니다. 위기는 위험이자 동시에 성장의 기회라
고도 했죠. 이렇듯 발달 시기에 나타나는 갈등은 필수적입니
다. 오히려 건강한 갈등은 성장에 도움이 되기도 합니다. 게다
가 갈등을 피하지 않고 직면하고 조율하는 과정을 통해 아이
는 대인 관계 능력과 문제 해결 능력을 키울 수 있습니다.

하지만 발달 시기별로 필요한 의존과 독립의 균형점을 맞추
기가 어렵기에, 부모는 통제라는 익숙하고 쉬운 길을 택하기
쉽습니다. 이때 부모가 놓치지 말아야 할 사실은 청소년기에
도 여전히 아이의 의존 욕구가 남아 있다는 점입니다.

청소년기의 아이들이 오직 독립만을 추구하는 것처럼 보이
지만, 정서적인 의존 역시 간절히 원하고 있습니다. 부모는 아
이가 경제적, 물질적 지원만을 바란다고 착각하기 쉽지만, 그
이면에는 부모로부터 지지, 인정, 존중, 사랑을 받고 싶어 하는
욕구가 매우 큽니다.

아이는 독립을 시도하는 과정에서 필연적으로 시행착오를
겪게 됩니다. 이때 부모가 정서적인 기반이 되어주기를 기대
하죠. 쉽게 말해 '부모가 내 편이기를' 바랍니다. 하지만 부모
가 "네가 스스로 선택한 거니 책임도 네몫이야", "내가 그럴 줄
알았어" 같은 말을 하면, 아이는 '부모는 나를 믿지 않고 지지

 기댈 수 있는 아이는 흔들리지 않는다

하지 않는구나'라고 느낍니다. 부모의 이런 표현은 부모 자신의 불안감에서 비롯된 무의식적인 표현일 수 있습니다. 아이와의 분리 시기를 늦추고 싶은 욕구가 '너는 아직 부족해'라는 메시지로 변질되어 나타나는 것이죠.

하지만 정서적으로 민감한 청소년들은 부모의 곡해된 메시지를 크게 받아들이고, '나는 역시 부족하구나'라는 생각에 사로잡혀 스스로에 대한 신뢰감을 잃게 됩니다. 이는 자아정체성을 굳건하게 형성하는 데 큰 방해가 됩니다. 자아정체성은 하늘에서 뚝 떨어지는 개념이 아닙니다. 끝없는 갈등과 시행착오를 통해 부모로부터 지지받고, 도움받으며, 동시에 자율성을 추구하고 책임감을 맛보는 과정을 반복할 때 비로소 형성됩니다.

부모는 청소년기 아이의 독립 욕구뿐 아니라 의존 욕구도 놓치지 않고, 그 욕구를 충족시켜주려는 노력과 함께 의존과 독립의 균형을 맞춰가야 합니다.

- 사춘기 갈등은 단순한 반항이 아니라 독립과 의존 사이에서 균형을 잡으려는 발달상의 필수 과정입니다. 갈등을 통제로 해결하려 하기보다 아이의 성장 신호로 이해해야 합니다.

- 부모의 지나친 통제는 겉으로만 독립적인 척하는 가짜 독립이나 스스로 선택하지 못하는 과도한 의존이라는 극단적인 부작용을 낳을 수 있습니다.

- 청소년기 아이는 독립을 외치면서도 내면으로는 부모가 '여전히 내 편인가'를 확인하고 싶어 합니다. 아이의 시행착오를 비난하기보다 정서적인 안전기지가 되어 지지와 신뢰를 보내주세요.

# 청소년기 자녀와
# 소통하기

## : 하루 10분, 가벼운 대화의 기적

지금까지 청소년기에 발생하는 여러 갈등을 빠르게 해결하는 데 집중하기보다, 의존과 독립의 균형이라는 큰 틀에서 바라보면 장기적인 해결점을 찾을 수 있다고 말씀드렸습니다.

의존과 독립의 균형을 맞추는 구체적인 방법을 말씀드리기 전에, 아이의 의존 욕구가 가지고 있는 세 가지 중요한 측면을 짚어봅니다.

# 아이의
# 세 가지 의존 욕구

**— 정서적 의존:** 아이가 하교하자마자 방으로 들어가 문을 잠그고 울음을 쏟아냅니다. 이때 부모가 문을 두드리고, 아이는 "됐어. 아무것도 아니야"라고 말하는 상황을 상상해볼까요?

아이가 방문을 잠근 이유는 혼자 있고 싶기 때문일 거예요. 10분 후, 아이가 방문을 열고 조용히 거실로 나와서 "엄마, 나 오늘 친구랑 싸웠어…"라고 이야기합니다. 자신을 위로하고 지지해줄 사람은 결국 부모라는 걸 알고 있기 때문이죠. 아무리 독립성이 강한 청소년이라도 부모의 지지와 사랑, 인정이 필요합니다. 특히 독립을 시도하다가 실패하여 좌절했을 때 부모가 안전한 기반이 되어주어야만 아이는 정서적으로 의존할 수 있고, 이를 밑바탕으로 더 건강하게 독립할 수 있습니다.

**— 실질적 의존:** 아이가 청소년 디자인 공모전에 참여하려 익숙지 않은 준비 서류로 막막한 상황에 놓였다면 부모는 도와줘야 합니다. 모든 것을 다 해줄 필요는 없지만 "우선 혼자 할 수 있는 건 해보고, 막히는 부분은 같이 해보자"라고 말할 수 있겠죠.

청소년은 여전히 경제적 여건이나 생활 환경 등 현실적인

면에서 부모에게 의존할 수밖에 없습니다. 부모는 아이가 필요로 할 때 실질적인 지원을 제공해야 합니다. 아이의 자율성을 존중하면서도 아이가 직접 해결할 수 없는 복잡한 문제나 갈등이 생겼을 때는 부모의 도움이 여전히 필요합니다.

— **정체성 확립을 위한 의존:** 청소년들은 종종 뉴스에서 흘러나오는 정치, 사회 문제를 부모에게 묻습니다. "엄마는 이런 상황에서 어떻게 생각해?", "아빠는 저 사람들이 왜 저런 결정을 한 것 같아?" 이때 부모가 정색하며 "쓸데없는 거 묻지 말고 공부나 해"라고 극단적인 표현을 하진 않더라도 그리 달가워하지 않는 반응을 보인다면, 아이는 이런 질문을 꺼리게 됩니다. 하지만 이는 단순한 호기심의 문제가 아닙니다. 자신의 판단 기준을 만들어가는 정체성 형성 과정입니다. 아이는 자신의 가치관이나 정체성을 확립해가는 과정에서 부모의 가치관이나 삶의 방식을 참고하고, 자신의 생각과 부모의 생각을 고민하며 통합해 나갑니다. 이 과정에서 부모가 아이의 질문을 귀 기울여 들어주고 지지해주면, 아이는 자신의 생각이 의미 있고 존중받는다는 확신을 갖게 되고, 이 경험을 토대로 진정한 독립으로 나아갈 힘을 얻습니다.

우리는 의존과 독립의 균형을 맞추려 할 때 독립에 많은 신경을 기울이다 보니 의존의 측면을 잊기 쉽습니다. 하지만 아무리 아이가 커도 의존 욕구는 여전히 존재합니다. 부모는 이 사실을 잊지 말아야 합니다. 부모는 아이가 "혼자 하고 싶다"고 말할 때 괜히 섭섭해하거나, 아이의 독립에 대한 무의식적인 불안 때문에 "그래, 그럼 너 혼자 알아서 다 해봐"라고 무책임하게 방관하는 태도를 보이기 쉽습니다. 이는 자율성만 강조하고 의존 욕구는 외면하는 것이죠. 특히 자녀가 의존 욕구를 표현할 때 "혼자 한다며, 왜 그것도 못 하냐" 같은 수치심을 유발하는 말은 절대 하지 말아야 합니다. '이런 고민을 나눠줘서 고맙다'는 메시지를 전하며 언제든 기댈 수 있는 안전한 분위기를 제공해야 합니다. 그래야 아이는 정서적인 안정감을 얻고, 자유롭게 독립을 시도할 수 있습니다.

청소년기는 과도기이기 때문에 자주 실패할 수밖에 없습니다. 실패의 순간에 부모는 "거봐, 내가 말했잖아"라며 비난하고 싶은 충동을 느끼곤 합니다. 이는 무의식적으로 아이의 독립을 환영하지 않는 부모의 불안 때문인데요, 이러한 태도는 아이에게 정서적 안전망을 제공하는 것과 반대되는 행동입니다. 부모는 수직적 관계가 아닌 수평적 관계를 형성해 아이가 자연스럽게 의존할 수 있는 환경을 만듭니다. "넌 이제 혼자 할 수 있는 나이야"라는 부담을 주기보다, 언제든지 부모와 논의할 수 있는 친근하고 열린 분위기를 만드는 것이 남아 있는 의존 욕구를 충족시키는 기본적인 마음가짐입니다.

 

## 부모가 하기 쉬운 실수
## : 논리적 비판과 설득

부모가 가장 흔히 범하는 실수이자, 이것만 피하더라도 의존과 독립의 균형을 잡는 데 큰 도움이 되는 비결이 있습니다. 바로 '무조건적인 비판', 특히 '논리를 앞세운 비판과 설득'을 멈추는 것입니다. 부모의 빈틈없는 논리는 아이의 마음을 설득하기보다 오히려 입을 닫게 만들고 관계를 단절시킬 뿐입니다.

우리는 청소년이 된 아이가 다 컸다는 생각에 자꾸 논리적인 대화를 시도하려 합니다. 하지만 부모의 경험과 논리적인 사고 능력은 아직 성장 중인 자녀보다 훨씬 우위에 있습니다. 부모가 논리로 자녀를 설득했다 하더라도 이는 성공이 아니라 실패입니다. 자녀 입장에서는 '부모님 말씀이 맞아'라는 생각보다, '내가 말발이 딸려서 억울하게 당했다'는 느낌을 받기 쉽습니다. "봐라, 내 말이 맞지? 그러니까 내 말 들어야지"라는 식의 대화는 자녀의 자율성을 꺾고 위축되게 만듭니다. 결국 아이는 도전하고 싶거나 스스로 결정하고자 하는 마음이 사라지고, 반감이 생기게 됩니다.

저 역시 아이를 키우며 이 함정에 자주 빠지곤 합니다. 아이가 시행착오를 조금이라도 줄였으면 하는 마음에, 세상의 이치를 한시라도 빨리 깨우쳐주고 싶어 말이 많아지는 순간이 있죠. 때로는 나만의 완벽한 논리에 심취해서 아이의 의견을 반박하고, 제 생각을 관철시키려 합니다. 그러다 문득 아이의 굳어진 표정에서 불편함을 읽어낼 때면, 서둘러 말을 멈추고 다시 아이의 말을 경청합니다.


## 부모가 해야 할 단 한 가지
## : 하루 10분 가벼운 대화


그럼 부모는 무엇을 해야 할까요? 딱 한 가지만 강조하고 싶습니다. 바로 하루에 10분, 아이와 가벼운 대화를 하는 것입니다.

우리는 부모가 되면 대화를 교육의 수단으로만 사용하는 경향이 있습니다. 아이는 문제가 생겼을 때만 대화를 시도하는 부모를 보며 정작 자신의 일상이나 고민에는 관심이 없다고 느낍니다. 따라서 평상시에 가볍게 대화를 나누는 것이 매우 중요합니다. 아무리 아이가 성장하고 바빠지더라도, 최소 하루 10분은 대화를 나누도록 노력해보세요.

이때 피해야 할 대화 주제는 공부와 친구 관계입니다. 우리는 흔히 "오늘 학교에서 별일 없었어?", "친구랑 잘 지냈어?", "수행 평가는 잘 봤어? 같은 아이를 점검하듯이 묻곤 합니다. 하지만 이런 질문은 부모의 불안을 잠재우기 위함일 때가 많

 기댈 수 있는 아이는 흔들리지 않는다

습니다. 아이는 이를 소통이 아닌 일방적인 확인이라고 느껴 마음의 문을 닫아버립니다.

아이의 관점이나, 부모와 자녀가 함께 흥미를 가질 만한 공동 관심사를 중심으로 가벼운 대화를 나눠보세요.

**— 학교 이야기를 하고 싶다면:** 공부나 친구 관계 같은 부모의 걱정이 담긴 주제를 빼고, "학교에서 뭐 재밌는 일 없었어?"라고 물어보세요. 물론 아이가 "없어", "그냥", "몰라" 이런 식으로 대답할 수 있습니다. 이때 중요한 건 더 캐묻지 않는 것입니다. "왜 없어?" "친구랑은 뭐 했어?" "또 혼자 있었어?" 이런 질문들은 아이에게 부담감을 줍니다. 아이가 짧게 답했다면 지금은 말할 준비가 안 됐다는 신호일 수 있습니다. 혹은 아직 언어로 꺼낼 만큼 정리되지 않았을 수도 있고요.

그럴 땐 이렇게 말해보세요. "그래? 다음에 생각나면 얘기해줘"라며 자연스럽게 대화를 마무리하세요. 신뢰는 "언제든 말해도 괜찮아"라는 반복된 경험 속에서 자랍니다. 오늘 말하지 않아도 괜찮습니다. 다음 기회가 있습니다. 아이에게는 말하지 않아도 안전한 느낌이 필요합니다. 그래야 점차 어떤 것이든 말해도 괜찮은 안전한 관계가 만들어집니다.

— **유행을 주제로:** 요즘 아이들이 좋아하는 유튜브 콘텐츠, 게임, 스포츠, 아이돌 트렌드를 물어보며 관심을 표현해보세요. 목적은 평가가 아니라 이해입니다. "요즘 제일 많이 보는 건 뭐야?" "그 게임은 어떤 점이 재밌어?" "그 아이돌이 좋은 이유가 뭐야?"

아이가 질문에 대한 답을 했을 때 부모의 반응이 중요합니다. "아, 그래서 그게 인기구나." "네가 좋아하는 포인트가 그거네." 이렇게 이해하려는 태도만으로도 아이는 존중받는다고 느낍니다. 아이가 "몰라", "그냥"이라고 답하더라도 재촉하지 마세요. "알겠어. 생각나면 나중에 말해줘." 이렇게 가볍게 넘어가는 경험이 쌓일 때, 아이는 다음에 더 쉽게 말합니다.

— **소소한 일상 공유:** SNS나 기사에서 발견한 재미있는 유머나 트렌드가 있다면 아이에게 먼저 보여주며 가볍게 대화를 시도해보세요. 대화는 질문으로만 시작되지는 않습니다. "이거 봤어? 너희들 또래에서 이런 게 유행이라는데." "이거 보다가 네 생각났어." "이거 웃긴데 너는 어때?" 정보를 전달하려는 태도보다는 함께 공유하며 공감하려는 태도가 중요합니다.

아이가 별 반응이 없더라도 실망하지 마세요. 그날은 웃음코드가 다를 수도 있고, 말하기 모드가 아닐 수도 있습니다. 부



기댈 수 있는 아이는 흔들리지 않는다

모가 자신의 일상을 조금씩 열어 보일 때 아이도 자기 이야기를 꺼내기 쉬워집니다.

　부모의 이런 태도는 자녀에게 큰 의미로 다가갑니다. '나의 소소한 관심이나 감정에도 관심이 있으시구나', '부모님도 유치한 것도 꽤 좋아하시는구나'라는 생각에 아이는 비로소 편안함을 느낍니다.


## 대화를 위한
## 두 가지 마법의 질문

　아이와 가벼운 대화를 어떻게 시작해야 할지 막막하다면, 의존과 독립의 균형을 잡아주는 두 가지 질문을 기억해 보세요.

　**— 의존 욕구 충족을 위한 질문:** "그래서 기분이 어땠어?"
　아이가 어떤 이야기를 하든지 상관없습니다. "오늘 학교에서 이런 일이 있었어"라고 말하면, "그래서 네 기분이 어땠어?"라고 아이의 감정을 물어보는 것입니다. 감정은 주관적이기 때문에, 부모가 섣불리 짐작하는 것과 실제 아이가 느끼는 것은 다를 수 있습니다. 이 짧은 질문만으로도 아이는 부모가 자신을 판단하지 않고 관찰하고 있다는 느낌을 받습니다. 또한 부모는 아이의 진짜 감정을 정확히 인식하게 됩니다. 특히 이 질문은 자녀의 정서적 의존 욕구를 충족시켜줍니다. 거듭 강조하지만, 이러한 의존 욕구가 충족되어야만 아이는 자신감을 가지고 독립성을 추구할 수 있습니다.

**— 독립성 발달을 위한 질문: "그래서 어떻게 생각해?"**

감정을 묻는 대화가 서먹하다면 생각을 묻는 질문으로 시작해도 좋습니다. 구체적인 생각을 나누다 보면 자연스럽게 그 이면의 감정에 다다를 수 있기 때문입니다. 감정을 충분히 나누었다 하더라도 그다음에는 반드시 아이의 생각을 물어봐야 합니다. 마음은 감정과 생각으로 이루어져 있기에, 이 둘을 구분하여 들여다보는 경험은 아이가 자신을 객관적으로 이해하는 '자기 인식self-awareness'의 핵심적인 토대가 됩니다.

"기분이 어땠어?"라고 물은 후에, "그래서 어떻게 생각해?"라고 물어보세요. 이 질문은 아이의 계획이나 시나리오를 포함하는 광범위한 생각을 끌어냅니다. 아이는 이미 마음속으로 다양한 생각을 하고 있지만, 부모가 물어봐줌으로써 그 생각을 인지하고 입 밖으로 꺼내는 기회를 얻게 됩니다. 부모는 아이의 생각을 존중하고 인정해주어야 합니다.

     기댈 수 있는 아이는 흔들리지 않는다

막상 아이의 감정과 생각을 들어봤는데 부모의 기대와 다르거나 미흡해 보일 수 있습니다. 설사 그렇다 하더라도 정답을 알려주려 하거나 "그건 너의 착각이야"라고 판단하려 들지 마세요. 그런 태도는 관계에 균열을 일으킵니다. "그렇게 생각할 수 있지, 그러면 어떤 결과가 있을 것 같아?"처럼 또 다른 질문으로 아이 스스로 더 깊이 생각하도록 돕는 역할을 합니다.

이런 대화는 가벼운 대화에서 시작해 깊은 공감으로 이어집니다. 아이는 대화를 통해 자신의 감정을 다시 한 번 인식하고, 자기 자신에 대해서도 생각해볼 기회를 얻습니다.

최소 하루에 10분, 평소에 가벼운 대화를 꾸준히 시도하세요. 불안한 순간에만 대화를 시도하면 문제를 해결하기 위해 대화가 조급해지고, 이는 부모와 아이에게 심적 부담이 됩니다. 매일의 작은 노력이 아이의 삶을 변화시킵니다.

언제든 대화가 막힐 것 같을 때 이 두 가지를 떠올리세요.
'지금 내가 아이의 의존 욕구를 충족시켜주고 있는가?'
'지금 내가 아이의 독립성을 추구하도록 돕고 있는가?'

이 질문들은 부모가 의존과 독립의 균형을 찾아가는 데 큰 도움이 될 것입니다.

- 아이가 독립을 외칠 때도 정서적·실질적·정체성 확립을 위한 부모의 도움은 여전히 절실합니다. 자녀가 의존해올 때 비난하거나 방관하지 말고, 언제든 돌아올 수 있는 '안전한 기반'이 되어주세요.

- 아이를 이기려 하는 논리적 비판과 설득은 자율성을 꺾고 반감만 키울 뿐입니다. 부모의 정답을 강요하기보다 하루 10분, 공부와 무관한 가벼운 일상 대화로 아이의 마음 문을 열어보세요.

- 대화의 물꼬를 트는 두 가지 마법의 질문을 기억하세요. "기분이 어땠어?"로 아이의 정서적 의존 욕구를 채워주고 "어떻게 생각해?"라고 물어 아이 스스로 판단하고 독립할 힘을 실어주어야 합니다.

# 부모의 태도와 양육의 핵심

# 충분한 의존을 돕는
# 부모의 태도

## : 아이에게 부모라는 안전기지를 만들어줄 것

아이가 성장할 때 부모가 꼭 해주어야 할 일은 무엇일까요? 여러 가지가 있겠지만 가장 우선으로 갖춰야 할 것은 '충분한 의존을 돕는 부모의 태도'입니다.

많은 부모님이 '왜 의존을 도와야 하지? 우리는 자녀를 독립시켜야 하는 거 아닌가?'라는 의문이 드실 수 있습니다. 부모인 우리는 궁극적으로는 아이가 독립적인 존재로 성장하도록 돕는 역할을 합니다. 하지만 독립을 위한 전제 조건으로 충분한 의존이 필요합니다. 아이가 어릴수록 의존 욕구를 충분히 채워주어야 하고, 이 안정적인 밑바탕이 잘 형성되었을 때 비로소 아이는 스스로 독립 욕구를 향해 나아가게 됩니다.

이를 뒷받침하는 애착이론에 따르면, 아이는 부모라는 안전 기지가 있을 때만 탐색 행동을 한다고 합니다. 즉, 충분히 의존할 수 있을 때만 스스로 떨어져 나가 세상을 탐색하는 힘이 생기는 것입니다. 아이는 세상을 경험하면서 늘 긴장하고, 그에 따른 스트레스를 받습니다. 그때마다 부모에게 의존하며 정서적인 안정이 충족되면 다시 더 멀리 나아갈 힘이 생깁니다. 반면, 의존하지 못하는 아이는 탐색 범위가 좁아지고, 독립을 불안하게 느낍니다.

하인츠 코헛Heinz Kohut의 자기심리학 역시 양육자에 대한 의존이 성장에 필수라고 설명합니다. 아이는 부모를 이상화하며 나를 지켜주는 큰 존재가 있다는 안전감을 가지게 됩니다. 부모로부터 의존적 사랑을 충분히 경험한 아이는 부모와 떨어져도 마음이 무너지지 않고, 혼자 있어도 극심한 불안에 휩싸이지 않습니다. 반대로 의존을 거부당한 아이는 스스로를 지지할 내적 안정기제를 만들지 못해, 작은 실패나 비난 앞에서도 쉽게 무너집니다.

## 뿌리가
## 단단해지는 법

나무로 비유해 조금 더 쉽게 설명해보겠습니다. 우리는 나

   기댈 수 있는 아이는 흔들리지 않는다

무를 키울 때, 험한 환경에 노출해야 스스로 자랄 거라고 생각하지 않습니다. 어린 묘목을 강한 햇볕과 바람에 그대로 내버려두면 금방 죽는다는 것을 잘 알고 있기에 세심하게 돌봅니다.

아이도 마찬가지입니다. 어린 묘목이 보호 그늘에서 싹을 틔우고 뿌리를 내리는 것처럼, 아이도 부모의 충분한 보호를 받아야만 뿌리가 단단해집니다. 이 뿌리는 아이가 자신의 삶을 주체적으로 이끌어가는 '자기 주도성'이나 '독립성'을 의미합니다. 이 뿌리는 절로 생겨나는 것이 아니라, 충분한 보호와 의존의 경험을 통해 만들어집니다.

안타깝게도 일부 부모님들, 특히 어르신들은 "요즘 아이들은 너무 나약하다", "온실 속 화초처럼 자란다"고 말씀하시며 강하게 키워야 한다고 주장합니다. 하지만 의존 욕구가 충분히 충족되지 못한 아이는 겉으로는 독립적으로 보일지 모르나, 내면에는 누군가에게 의존하려는 욕구가 존재해 주체적인 삶을 살기가 오히려 어려워집니다. 예를 들어, 타인으로부터 인정받지 못하면 극도로 좌절하고 상사의 작은 표정 변화에도 민감하게 반응하는 경우가 그렇습니다. 결국 무리하게 일을 하다 번아웃에 빠지는 패턴을 반복합니다. 스스로 멈추지 못하는 이런 유형의 사람은 겉으로는 자율적이고 성실해 보이지만, 실제로는 상사의 인정에 심리적으로 의존하고 있는 것입니다.

따라서 부모는 아이의 의존 욕구를 충분히 충족시켜 안정적인 애착을 형성하고, 아이에게 든든한 안전기지가 되어주어야 합니다. 그래야만 아이는 스스로 세상을 주도적으로 탐색하고자 하는 의욕과 열정, 동기를 갖게 됩니다.


## 충분한 의존을 돕는
## 부모의 세 가지 태도

충분한 의존을 돕기 위해 부모가 가져야 할 태도를 알아보겠습니다.


### 1 필요할 때 반응해주기

아이가 필요로 할 때 반응해주는 것이 아이를 나약하게 키우거나 훈육을 방해하는 일이라고 오해해서는 안 됩니다. 애착 형성의 핵심 요소 중 하나가 바로 반응성(responsiveness, 상대방의 요구에 민감하게 반응하고 적절한 행동을 보이는 것)입니다.

물론 부모는 아이의 모든 필요를 채워줄 수 없는 유한한 존

 기댈 수 있는 아이는 흔들리지 않는다

재입니다. 하지만 중요한 것은 '아이의 필요에 반응해주고자 하는 태도'를 놓치지 않는 것입니다.

**— 즉각 반응하기:** 특별히 바쁜 일이 없을 때는 아이가 놀아 달라거나 책을 읽어달라고 할 때 즉각적으로 반응해줍니다. "그래, 어떤 책부터 읽어볼까?" 하고 즉각적으로 반응해주면 아이는 정서적 안정과 애착 형성의 핵심적인 경험을 하게 됩니다. 아이의 요구를 미루다 한꺼번에 몰아서 오래 읽어주는 것보다, 단 5~10분이라도 아이가 원할 때 읽어주는 것이 훨씬 효과적입니다. 또한 아이가 무엇인가를 자랑할 때 즉시 시선을 돌려 반응해주는 것은 정서적 미러링의 핵심입니다.

"오! ○○(이)가 혼자 찾은 거야? 대단한데!"

단 2~3초의 반응이지만 아이의 마음에는 부모가 내 세계에 관심이 있다는 경험이 새겨집니다.

**— 지연된 반응도 반응:** 지금 당장 들어줄 수 없는 상황이라 면 "설거지 하고 갈게", "이거 끝나고 해줄게"와 같이 말해주세 요. 지연 이유를 설명해주는 것도 반응입니다. 저 역시 급한 일 을 처리하고 있을 때는 아이의 요구에 잠시 기다려달라고 말 하는 편입니다.

아이의 욕구를 좌절시키는 건 아닌지 하는 찝찝함이 순간적으로 들 수 있습니다. 하지만 지연되더라도 부모의 반응 경험이 누적되면 아이의 의존 욕구는 채워집니다. 오히려 즉각적으로 반응해야 한다는 압박감에 무리를 하다 보면 아이의 요구 자체를 은연중에 회피하게 되고, 아이는 그런 미묘한 분위기를 파악해 욕구를 억압하며 부모에게 충분히 의존하지 않습니다.

만약 "그 정도 가지고 왜 그래? 언제까지 그렇게 애처럼 굴 거야?"처럼 부모가 아이의 부름을 무시하거나 싹을 자르는 듯한 거절을 하면, 아이는 '나의 의존 욕구는 잘못된 것이구나', '나는 부모에게 중요한 존재가 아니구나'라고 느끼며 스스로를 부끄럽고 부족한 존재로 여기게 됩니다. 이로 인해 자연스럽게 일어나는 의존 욕구를 억압하고 숨기는 것이 습관화되면, 독립적인 존재로 성장하는 데 필수적인 '자아감(sense of self, 자신에 대한 주체적인 느낌과 인식을 바탕으로 형성되는 자기 정체성)'을 형성하기 어렵습니다.

반대로, 아이의 요구를 정당성으로 판단하기보다 바로 따뜻하게 반응해주면 아이는 '내 감정과 욕구는 존중받는구나'라고 느끼고, 스스로를 수용하게 됩니다. 이러한 수용의 경험은 자신을 소중히 여기고 독립적인 존재로 발달하고자 하는 동기로 이어집니다.

  기댈 수 있는 아이는 흔들리지 않는다

특히 미취학 아동에게는 스킨십이 정서적 안정의 핵심입니다. 아이는 자신의 감정을 말로 명확하게 표현하기 어려워 스킨십을 통해 "무서워", "힘들어" 같은 마음을 표현하곤 합니다.

**— 적극적인 스킨십:** 아이가 무섭다며 부모에게 안길 때 "무섭구나. 엄마 여기 있어"라며 안아주고, 특별한 이유가 없어도 생각날 때마다 "우리 ○○(이)가 생각나서 안고 싶었어"라며 안아주세요. 신체적 접촉은 순간적인 불안을 해소하는 행위를 넘어, '내가 두려울 때 부모가 나를 받아준다', '부모는 내 편이다'라는 자기 안정감(self-stability, 외부 자극이나 스트레스 상황에서도 심리적 평온함이나 일관성을 유지하는 상태나 기질)을 경험하게 합니다. 또한 몸으로 안정감을 전달받는 경험들이 쌓이면, 아이의 뇌는 스트레스가 와도 금방 안정될 수 있다는 학습을 하게 되고, 이는 스트레스 취약도를 낮추는 중요한 기초가 됩니다.

**— 판단하지 않는 공감:** 아이가 떼를 쓰거나 속상해할 때 "그만 울어", "그런다고 해결되는 거 아니야" 같은 말로 아이의 감정을 억압하지 않아야 합니다. 이러한 태도는 아이가 자신의 감정을 억누르고 외면하는 패턴을 형성케 하여 독립을 위한

발판을 잃게 만듭니다.

진정한 공감은 아이의 감정을 판단하지 않는 데서 시작됩니다. "무슨 일이 있었니?", "그래서 어떤 마음이 들었니?"라고 물어본 후, "그렇게 속상했구나, 그럴 수 있겠다"고 반응하며 아이의 마음을 있는 그대로 받아주세요. 이러한 경험을 통해 아이는 '이런 감정은 부끄러운 것이구나'가 아닌, '내 감정을 표현해도 괜찮다', '부모님은 나를 이해해주는 사람이다'라는 기본적인 신뢰감을 갖게 됩니다. 이 신뢰감은 부모를 넘어 '세상은 믿을 만한 곳이니 내가 도전해볼 만하다'라는 적극적인 동기로 확장됩니다.

우리는 아이가 감정 조절 능력을 갖추길 바라지만, 때로는 너무 높은 기준을 제시하여 오히려 감정을 억압하게 만들기도 합니다. 하지만 처음부터 조절에만 치중하기보다, 아이가 자신의 감정을 판단 없이 자유롭게 느끼고 인식할 수 있도록 돕는 게 우선입니다. 감정을 온전히 수용하고 인식하는 과정이 선행되어야만 비로소 감정 조절도 가능해집니다.

문득, 클라리넷을 처음 배울 때가 생각납니다. 소리를 아름답게 잘 내고 싶은 마음에 지나치도록 조심스럽게 부는 제 모습을 보던 선생님께서 마음껏 불어보라고 하셨습니다. 심지어 삑사리를 일부러 내보라고도 하셨지요. 그래야 어느 정도 힘



기댈 수 있는 아이는 흔들리지 않는다

이 들어갈 때 삑사리가 나는지를 알게 되고, 적당한 음량을 찾을 수 있다고요. 삑사리를 내보며 힘 조절을 배우는 것처럼, 감정 역시 시행착오를 통해 스스로 조절하는 힘을 기르게 됩니다. 아이의 감정을 인정하고 수용하는 태도가 아이의 감정 조절 능력을 길러주는 가장 확실한 방법입니다.

## 3  억지로 독립시키지 않고 지지해주기

미취학 아동기에도 독립을 향한 시도는 중요합니다. 아이가 스스로 밥을 먹거나 옷을 입으려고 할 때 '부모는 아이의 의존 욕구를 충족시켜줘야 한다'는 이유로 모든 것을 대신해주는 것은 바람직하지 않습니다.

아이의 '혼자 해보려는 마음'을 충분히 지지하고 칭찬해줍니다. 아이가 스스로 신발을 신고 싶은 마음에 반대쪽 신발을 들고 씨름할 때 "혼자 해보고 싶구나?", "혼자 신어볼래?"라고 격려하며 기다려주세요. 설령 잘되지 않더라도 그 시도 자체를 충분히 칭찬해주세요. 아이가 숟가락을 들고 스스로 밥을 먹어보려 할 때도 마찬가지입니다. "오, 혼자 먹어보고 싶구나! 해보자", "조금 흘려도 괜찮아. 옆에서 보고 있을게"라고 말하며 기다려줍니다. 이러한 과정에서 아이는 성취감을 느끼고, 다음 도전을 이어가는 선순환의 고리가 만들어집니다.

하지만 아이가 아직 준비되지 않았는데 "이제 다 컸으니 혼자 해야 해"라고 억지로 강요해서는 안 됩니다. 아직 손의 협응력이 익숙하지 않은 아이에게 "네가 몇 살이니? 이제 혼자 먹어야지", "왜 이렇게 흘려? 잘 좀 해"라고 강요하면, 아이의 뇌는 시도와 실패를 부끄러운 일로 기억하게 됩니다. 아이의 발달 속도는 개인마다 다릅니다. 아이가 스스로 시도하려고 할 때 충분히 지지해주고, 도움이 필요할 때 기꺼이 손을 내밀어주는 '억지로 하지 않는 태도'가 가장 중요합니다.


사람은 매우 아이러니한 존재입니다. 부모가 너무 앞서나가 아이를 다그치고 압박하면, 아이는 성장은커녕 오히려 잔뜩 움츠러들고 맙니다. '내가 해보고 싶을 때 격려받고, 잘 안 될 때 도움받는' 경험이 반복되면, 아이는 비로소 충분한 의존의 기회를 얻게 되죠. "내가 해볼게"라는 주도적인 태도는 이런 든든한 기반 위에서 자연스럽게 자라납니다.

의존과 독립의 균형은 평생의 과제이며, 특히 미취학 아동기에는 '의존'을 충분히 경험하게 해주어야 합니다. 이것은 결코 훈육이나 아이의 독립을 방해하는 것이 아니라, 서로 동반되어야 할 가장 기본적인 가치임을 기억해주세요.

   기댈 수 있는 아이는 흔들리지 않는다

- 의존은 독립의 뿌리입니다. 부모라는 안전기지에서 충분히 의존해본 아이만이 스스로 세상에 나설 단단한 자생력을 갖게 됩니다.

- 민감하게 반응하고 공감하세요. 아이의 요구에 즉각 응답하고 감정을 있는 그대로 수용해주는 경험은 정서적 안정감과 자아감의 토대가 됩니다.

- 강요 대신 지지를 보내주세요. 억지로 독립을 밀어붙이기보다 아이가 스스로 시도할 때까지 기다려주고 지지해줄 때 진정한 주도성이 시작됩니다.

# 공포 없는
# 훈육

---

## : 아이를 건강하게 성장시키는 부모의 역할

여전히 많은 부모가 '조기 독립'이라는 함정에 빠져 있습니다. 아이가 어릴수록 의존 욕구를 충분히 충족시키는 데 집중해야 하는데, '빨리 독립적으로 키워야 한다'는 생각에 사로잡히곤 합니다. 물론 아이를 독립적인 인격체로 성장하도록 돕는 것이 부모의 역할입니다. 하지만 '충분한 의존을 경험해야 제대로 된 독립을 할 수 있다'가 전제되어야 하죠.

이번에는 의존 욕구 충족을 방해하는 원인을 구체적으로 살펴봅니다. 우리가 부모로서 의존 욕구 충족을 방해하지만 않아도 자녀 양육의 절반은 성공한 것이니까요.

특히 미취학 아동을 키우는 부모에게 가장 도움이 되겠지만



기댈 수 있는 아이는 흔들리지 않는다

그 시기가 지났다고 실망하실 필요는 없습니다. 아이가 초등학생이든, 중학생이든, 고등학생이든 모두 괜찮습니다. 어릴 적에 아이의 의존 욕구를 충분히 충족시켜주지 못한 것 같다는 느낌이 든다면, 지금부터 충분히 충족시켜주면 됩니다. 발달이 느리거나 장애가 있는 아이들 역시 의존 욕구를 충분히 충족시켜 주는 과정이 반드시 필요합니다.

## 의존 욕구를
## 훼손하는 공포심

의존 욕구 충족을 방해하는 가장 치명적인 요소는 바로 '공포심'입니다. 공포심은 단순한 무서운 감정을 넘어, 아이의 의존 욕구가 작동하는 가장 기본적인 전제를 파괴합니다. 의존은 '언제든 기댈 수 있고, 내 감정을 있는 그대로 드러내 보여도 안전하다'는 믿음이 존재할 때 비로소 이루어지기 때문입니다. 하지만 공포심이 개입되는 순간, 아이는 의존하려는 시도가 오히려 더 위태롭다고 느낍니다.

또한 공포심은 아이가 평생 갖춰야 할 정서적 회복탄력성resilience을 떨어뜨립니다. 회복탄력성은 힘들 때 언제든 돌아갈 안전한 곳이 있다는 믿음에서 생겨납니다. 하지만 공포심은 이러한 안전기지를 무너뜨려 아이가 작은 스트레스에도 크게 흔들리게 만듭니다. 결국 아이는 어려운 상황에 직면했을 때 회피하거나 얼어붙게 되며, 스트레스 상황에서 훨씬 더 쉽게 무기력해집니다.

공포심은 자기조절력(self-regulation, 스스로의 감정을 조절하고 안정시키는 능력)이 형성되는 것까지 저해합니다. 자기조절력은 감정을 가감없이 드러내고, 이를 부모에게 수용받아 진정되는 경험이 반복될 때 발달합니다. 하지만 공포심은 이러한 과정을 처음부터 막아버립니다. 감정을 말하지 못하니 조절 경험이 축적되지 않고, 감정이 안정되지 않으니 행동도 조절되지 않는 것이죠. 결국 "나는 내 마음을 조절할 수 없다"는 내적 무력감이 생깁니다.

많은 부모가 훈육과 체벌을 혼동하는데요. 이 둘을 간단하게 구분하는 방법이 있습니다. 바로 '공포심 활용은 체벌'이라는 사실입니다. '사랑의 매', '매를 맞아야 정신을 차린다'와 같은 전통적인 고정관념에 갇혀, 아이를 위한다는 명목으로 공포심을 남용하는 경우가 많습니다.

아이에게 공포심을 일부러 조장하는 행위는 아이의 의존 욕구를 훼손하고, 부모와의 정서적인 관계를 차단하며, 나아가 아이의 정서마저 왜곡시킵니다.

- 소리 지르기

- 위협하기

- 벌주기

- "엄마는 너 싫어" 같은 감정적 단절

이러한 행동은 공포심을 활용한 것이기 때문에 바람직한 훈육이 아닙니다.

부모가 공포를 훈육에 활용하기 쉬운 가장 흔한 예는 바로 "너 나가"라고 말하는 것입니다. 말을 듣지 않던 아이도 이 한마디와 공포스러운 분위기에 압도되어 납작 엎드리게 되죠. 생존본능으로 무리에서 쫓겨나는 것은 인간에게 큰 두려움을 줍니다. 특히 부모에게 의존할 수밖에 없는 존재인 아이는 더욱 그렇지요. 부모는 아이가 말을 듣지 않을 때의 답답함과 화 때문에 이런 말을 한다고 합니다. 하지만 '공포심이 사람을 움직이게 한다'라는 사실을 무의식적으로 인지하고 있기에 본능적으로 공포를 활용해 아이를 통제하려는 행동을 하는 것입니다. 물론 바람직하지 않은 방법이라는 사실을 알고 있습니다. 그러나 아이를 통제하는 데 '잘 먹히는' 도구가 되니 알면서도 자꾸 반복하게 되는 것이죠.

# 체벌과
# 훈육의 차이

공포심을 활용한 훈육이 반복되면 아이는 부모에게 정서적으로 다가가는 데 두려움을 느낍니다. 부모에게 다가갔을 때 공포심에 압도당했던 괴로운 경험이 몸에 각인되었기 때문이죠. 부모는 마땅히 안전기지가 되어야 하지만, 아이에게 부모는 오히려 피해야 할 위험지대로 인식되고 맙니다. 결국 아이는 '부모에게 내 감정을 보여주면 더 힘들어진다'고 생각하게 되고, 스스로 부모와의 정서적 거리를 둡니다.

이러한 아이들은 자신의 다양한 감정을 억압하는 것을 자연스럽게 터득합니다. 울고 싶어도 울지 않고, 속상해도 "괜찮아"라고 말하며, 부모의 도움이 필요해도 혼날까 봐 꾹 참고, 가급적 자신의 욕구를 최소화합니다. 이런 식으로 감정을 억압하면 당장은 고통스럽지 않지만, 부정적 감정은 사라지지 않고 쌓였다가 갑자기 터지거나, 극도의 무기력에 빠지거나, 혹은 '불안정 회피 애착'(avoidant attachment, 부모에게서 정서적 지지를 받지 못해 회피적이고 독립적인 태도를 보이는 애착 유형)으로 나타나기도 합니다. 아이는 감정 변화를 거의 드러내지 않고, 부모에게 도움을 요청하지도 않으며, 무엇이든 혼자 해결하려는 과도한 독립성을 보입니다. 또한 스킨십이나 감정적 대화를 불편해하



기댈 수 있는 아이는 흔들리지 않는다

며, 가까운 관계에서 오히려 더 경계하는 모습을 보이죠.

걸으로 보면 부모에게 별로 의존하지 않는 '키우기 쉬운 아이'처럼 보일 수 있습니다. 하지만 아이의 내면에는 의존 욕구를 충족하지 못한 깊은 결핍과 감정적 억압이 숨겨져 있습니다.


자신의 의존 욕구를 자연스럽게 표현하지 못 하는 아이들의 경우 보통 두 가지 방향성 중 하나를 띠기 쉽습니다.


**1 수동적 복종:** 부모에게 철저히 복종하며 고분고분하게 자라는 경우

---

첫 번째는 수동적 복종의 방향입니다. 이 유형의 아이들은 어린 시절부터 자신의 감정을 있는 그대로 표현하는 것을 위험하다고 느껴온 경우가 많습니다. 울거나 화를 냈을 때 "그만 울어라", "왜 그런 것도 못 참니"라는 부모의 반응을 반복적으로 경험하면서, 감정을 드러내면 관계가 불안해진다고 학습하게 됩니다. 이러한 경험이 누적되면 아이는 결국 자신이 느끼는 감정을 자연스럽게 드러내면 사랑받지 못한다는 신념을 갖게 되죠. 그래서 감정을 억누르고, 욕구를 줄여나가며, 부모의 기대에 맞춰 자신을 조정하는 방식으로 살아가게 됩니다.

이런 아이들은 겉으로 보기에는 매우 순합니다. 부모 말을 잘 따르고, 불평도 하지 않으며, 자기 감정이나 의견을 거의 드러내지 않죠. 항상 "괜찮아요", "아니에요"라고 말하며, 자신보다 부모나 주변 사람의 기분을 먼저 고려하는 모습을 보입니다. 그러나 자신을 지워버리는 이 과정이 지속되면 성인이 되어서도 자기 감정을 잘 느끼지 못하거나, 자기 욕구를 표현하지 못하는 데 어려움을 겪게 됩니다. 나아가 인간관계에서 늘 불필요한 죄책감을 느끼며 살아가는 삶의 패턴으로 이어질 수 있습니다. 겉보기에는 갈등 없이 잘 살아가는 것처럼 보이지만, 내면에는 깊은 공허감과 무기력이 자리 잡는 경우가 적지 않습니다.

**2 극단적 반항:** 사춘기 때 부모에게 강하게 반항하며 저항하는 경우

두 번째는 극단적 반항의 방향입니다. 이 유형은 겉으로는 수동적 복종형과 완전히 반대의 모습처럼 보입니다. 말대답이 잦고, 부모와 갈등이 많으며, 일부러 반대로 행동하는 태도를 보이죠. 하지만 이 아이들 역시 근본적인 뿌리는 의존 욕구의 좌절에 있습니다. 자신을 지워버리는 대신 부딪히는 쪽을 선택한 경우라고 볼 수 있습니다.

이 아이들의 내면에는 얌전하게 있으면 나라는 존재가 지워질 것 같은 두려움이 있습니다. 그래서 미움을 받더라도 자신의 존재를 강하게 드러내는 쪽을 선택하게 됩니다. 이들에게 분노와 반항은 무조건적인 공격이라기보다 자신의 존재를 확인하기 위한 방식인 것입니다. 여전히 부모에게서 이해받고 싶고, 인정받으며 연결되고 싶은 욕구가 있지만, 그 결핍된 마음이 거친 방식으로 나오는 것입니다.

이 유형의 아이들은 성장하면서 권위에 대한 저항이 강해지거나, 관계에서 갈등을 반복하고, 가깝고 소중한 관계를 스스로 끊어내는 패턴을 보이기도 합니다. 하지만 거친 반항과 회피의 이면에는 여전히 깊은 외로움과 애착의 결핍감이 자리 잡고 있습니다.


겉으로 보기에 수동적 복종과 극단적 반항은 서로 정반대의 길처럼 보입니다. 그러나 이는 방향만 다를 뿐, 실제로는 같은 경험에서 비롯된 다른 생존 전략입니다. 한쪽은 관계를 유지하기 위해 자신을 포기하는 방향을 선택했고, 다른 한쪽은 자신을 지키기 위해 관계를 밀어내는 방향을 선택했을 뿐이죠. 두 경우 모두 부모에게 의존하면 마음이 다칠 수 있다는 두려움을 갖고 있습니다.

# 훈육은 통제가 아닌
# 감정 조율이다

훈육은 통제가 아니라 감정 조율입니다. 부모는 항상 아이가 스스로 감정을 조율할 수 있도록 돕기 위해 훈육한다는 사실을 명심해야 합니다.

감정을 조율하려면 먼저 자신의 감정을 인식해야 합니다. 부모가 곁에서 아이의 감정을 끊임없이 읽어주면 아이는 자연스레 자신의 감정을 알아차리게 됩니다.

**— 아이는 행동을, 부모는 감정을:** "감정을 읽어주면 버릇이 나빠지지 않나"는 오해를 많이 합니다. 하지만 아이의 행동은 조율해주고, 아이의 마음은 수용해주는 것이 육아의 대원칙입니다. "안 돼"라고 단호하게 말하는 것에서 그치지 않고, "하지만 난 여전히 너의 편이야"라는 메시지를 계속 전해주어야 합니다.

**— 관계를 단절하지 않기:** 아이들은 부모와의 관계가 끊긴다고 느낄 때 가장 큰 공포심을 경험합니다. "너, 나가"라는 엄포가 아이에게 즉각 통하는 이유가 바로 여기에 있습니다. 아이들은 관계 단절에 매우 민감합니다. 따라서 훈육할 때는 관

계 단절을 암시하거나 이를 빌미 삼아 아이를 협박하지 않아야 합니다. "너랑은 말도 하기 싫어" 같은 관계 단절을 암시하는 말을 충동적으로 하지 않도록 애쓰세요. 아이를 훈육할 때 오히려 우리의 관계가 끊어지지 않는다는 믿음을 충분히 갖게 해줘야 합니다.

**— 감정 먼저, 교육은 나중에:** 아이의 발달 단계를 보면 감정적 발달은 미취학 시기에 충분히 일어나고, 이성적 발달은 취학 이후에 급속하게 성장합니다. 즉, 아이의 감정을 먼저 다루고 수용하는 데 집중해야 효율적인 교육이 가능해집니다. 아이의 감정을 먼저 다루지 않으면 부모가 기대하는 행동도 따라오지 않습니다. "때리는 건 안 돼, 하지만 네가 화가 난 건 이해해"처럼 행동과 감정을 철저히 분리해서 다루어야 합니다.

**— 기다림의 자세:** 아이들은 식물과 같습니다. 제가 아이들을 키우며 어려움을 겪을 때마다 늘 마음속으로 되새기는 개념입니다. 아이의 행동이 하루빨리 바뀌기를 바라는 조급한 마음이 들 때마다, 저를 멈춰 세우고 '아이들은 식물과 같다'라고 생각하며 스스로를 다독입니다. 아이는 몇 년에 걸쳐 서서히 변합니다. 부모에 의한 강제적인 변화는 제대로 된 성장이 아닙니다. 오히려 예상치 못한 난관에 부딪혔을 때 쉽게 꺾이

고 맙니다. 아이가 스스로 감정을 조율하고, 행동을 조절하는 법을 배우기까지는 당연히 시간이 필요합니다. 조급한 마음에 공포심을 조장해서라도 아이의 행동을 빨리 바꾸려 하지 마세요. 저는 아이를 키우며 "급할수록 돌아가라"는 말이 정서적 상호작용을 통한 훈육에 가장 들어맞는다는 경험을 많이 했습니다.

훈육은 평소 쌓아온 관계의 연장선입니다. 돌발 상황에서만 훈육하려 하지 말고, 평상시에 아이의 감정 상태를 민감하게 살피고 파악합니다. 문제 상황이 닥치면 아이는 자신의 감정을 숨기거나 왜곡하려 하고, 부모 또한 당황하거나 화가 나 감정적으로 쉽게 동요되기에 아이의 마음을 민감하게 살피고 파악하기가 매우 어렵습니다. 따라서 아이의 행동 이면에 있는 정서적 욕구를 평소에도 자연스럽게 읽으려는 태도를 가져야 합니다. 부모의 세심한 행동은 아이가 스스로 자신의 감정을 인식하는 기반이 됩니다. 또한 부모의 반복적인 가르침을 통해 스스로 감정을 조율할 수 있는 내면의 힘을 기르게 됩니다.

평상시에 아이의 감정을 세밀하게 관찰하는 일을 어렵게 느끼는 분들도 많습니다. 아이의 감정을 살피는 가장 쉬운 방법 중 하나는 말수의 변화를 비교해보는 것입니다. 요즘 들어 부

   기댈 수 있는 아이는 흔들리지 않는다

쩍 말수가 줄어들었다면 그 이유를 궁금해하며 "요즘 네가 말이 조금 줄어든 것 같네. 혹시 생각이 많아지는 일이 있어?"라고 물어봅니다.

이 말을 듣자마자 아이가 자신의 마음을 바로 술술 털어놓지는 않을 것입니다. "그냥 그래"라고 얼버무리기 쉽죠. 이는 마음을 닫겠다는 거절의 신호가 아니라, 말할지 말지 갈등하고 있다는 신호일 때가 많습니다. 그럴 때는 "그냥 그렇구나. 지금 말 안 해도 혹시 필요하면 언제든 말해도 괜찮아"라고 말해주세요. 그러면 아이는 부모의 질문을 압박감으로 느끼기보다, 지금은 말하지 않아도 괜찮다는 안전한 배려의 느낌을 받습니다.

문제 상황이 발생하면 부모가 감정적으로 크게 요동치기 쉽죠. 아이의 울음이나 고함, 충동적인 행동을 보고 순간적으로 당황하거나 불안해지면, 부모는 무의식적으로 관계를 위협하는 표현을 사용하기 쉽습니다.

"울지 마", "제발 그만 좀 해!", "왜 이렇게 내 속을 썩이니?"

이러한 말들은 모두 아이에게 공포심을 기반으로 한 훈육으로 전달됩니다. 아이의 행동을 바로잡는 것처럼 보일지 몰라도 실제로는 아이가 자신의 감정을 숨기거나 억압하게 만듭니다. 심지어는 부모를 향한 마음을 닫게 하는 역효과가 나타나기도 합니다. 아이 입장에서는 "울면 안 돼", "내 감정은 틀렸어", "나는 문제 투성이 아이야"라는 부정적인 메시지를 내면화합니다. 이러한 경험이 반복되면, 아이는 결국 부모와 감정적 거리를 두는 방향으로 나아가게 됩니다.

반면, 공포가 아닌 단호하되 따뜻함을 잃지 않는 훈육 태도는 전혀 다른 효과를 만들어냅니다. 예를 들어, 아이가 동생을 때렸다고 했을 때 부모가 "때리면 안 돼. 무슨 일이 있었니?", "지금 네가 많이 화가 났구나", "조금 진정하고 다시 얘기해보자"라고 대응하는 것입니다. 부모의 이런 태도는 아이의 행동은 분명히 제한하되, 아이가 느끼는 감정 자체는 부정하지 않는 방식입니다. 단호함과 부드러움이 공존할 때, 아이에게는 다음과 같은 중요한 메시지가 전달됩니다.

*"행동은 잘못됐지만, 내 존재는 안전하다."*
*"감정은 표현해도 된다."*
*"내 감정을 인정받은 상태에서 배울 수 있다."*

이 과정을 통해 아이는 자신의 감정을 정상적인 것으로 받아들이고, 문제 상황에서도 더 안정적으로 스스로를 조절할 수 있는 기반을 갖추게 됩니다.

 기댈 수 있는 아이는 흔들리지 않는다

부드러운 단호함은 평상시 쌓아온 관계를 토대로 만들어집니다. 평소에 아이의 감정을 잘 들어주고, 부정적인 감정도 잘 다루어준 경험이 쌓였다면, 문제 상황을 마주했어도 아이는 부모의 말과 조율을 신뢰하게 됩니다. 즉, 평소의 관계가 탄탄하면 위기 상황에서도 부모의 단호함이 아이에게 공격이 아니라 안전한 조율로 받아들여지는 것입니다. 반대로 평소 정서적 연결이 약하거나 부모의 감정이 자주 폭발한다면 같은 말이라도 아이는 위협으로 느끼기 쉽습니다. 바른 훈육은 위기 상황에서 갑자기 나오지 않습니다. 아이와의 일상에서 정서적으로 연결된 시간과 아이를 이해하고 받아주는 순간들이 축적되어, 비로소 단호하면서도 따뜻한 조율이 가능해집니다. 결국 훈육의 진정한 힘은 부모의 말 자체가 아니라, 그 말을 뒷받침하는 평소의 관계에서 나옵니다.

이러한 훈육 방식이 반복되면 아이는 부모를 충분히 의존하게 됩니다. 충분한 의존을 통해 감정을 인식하고 정서적 안정감을 얻으며 '내 마음을 있는 그대로 보여줘도 괜찮다'는 경험을 쌓게 됩니다. 결국 자신의 마음에 계속 귀를 기울이고, '나는 어떤 삶을 살고 싶은가?'에 대한 답을 찾아가며, 자연스럽게 부모의 품을 떠나 독립적인 삶을 살게 됩니다. 독립 후에도 부모와 관계를 이어가며, 세상에서 만나는 수많은 사람과도

건강한 관계를 맺을 수 있습니다. 아이러니하게도 조기에 너무 독립적으로 키우려고 하면 평생 남을 의지하게 됩니다.

지금까지 아이에게 공포를 활용한 훈육을 많이 해왔다고 해서 자책하실 필요는 없습니다. 중요한 것은 '지금부터' 아이와 새로운 관계를 형성하는 것입니다. 부모야말로 아이와 가장 가까이에서, 가장 많은 시간을 함께하며 관계를 형성할 수 있는 사람입니다. 그러니 지난 시간에 얽매이지 말고, 내 아이가 몇 살이든 상관없이 지금부터 아이의 감정 읽기를 시작해보세요.

- 공포는 훈육이 아닌 체벌입니다. 소리 지르기나 관계 단절(너 나가!) 등의 위협은 아이의 안전기지를 무너뜨립니다. 공포로 통제된 아이는 겉으론 순응해도 내면에 깊은 불안과 무기력을 쌓게 됩니다.

- 행동은 통제하되 감정은 수용하세요. 훈육의 핵심은 '감정 조율'입니다. 아이의 잘못된 행동은 단호하게 바로잡되, 그 이면의 속상한 마음은 충분히 읽어주어 "행동은 틀렸어도 내 존재는 안전하다"는 확신을 주어야 합니다.

- 훈육의 힘은 평소의 관계에서 나옵니다. 위기 상황에서의 단호함이 공격이 아닌 조율로 받아들여지려면, 평소 아이의 사소한 감정에 민감하게 반응해주는 신뢰가 두텁게 쌓여 있어야 합니다.

# 수치심이라는 감정을
# 이용한 훈육

: 아이를 건강하게 성장시키는 부모의 역할

앞서 계속 강조했듯이, 인간에게는 서로 상반되면서도 매우 중요한 근원적 욕구 두 가지가 존재합니다. 하나는 '독립 욕구'로, 자유롭고 주체적인 존재가 되고 싶은 마음이죠. 다른 하나는 '의존 욕구'로, 다른 사람과 친밀한 유대감을 형성하고 함께 있고 싶어 하는 마음입니다.

이 두 가지 욕구는 우리 삶의 균형을 잡아주는 아주 중요한 역할을 합니다. 그렇기에 어느 한쪽이라도 훼손되는 상황이 생기면, 우리는 존재의 위협을 느끼며 아주 강렬한 감정을 느낍니다.

**— 독립의 욕구가 훼손될 때:** 나라는 존재가 존중받지 못하고, 고유한 생각이나 감정을 무시당할 때 우리는 '수치심'이라는 강렬한 감정에 휩싸입니다. 이는 단순히 창피한 감정이 아니라, '나는 가치 없는 존재'라는 인식, 즉 존재 자체가 부정당하는 것 같은 근원적이고 고통스러운 감정이죠.

아이가 자기 의견을 용기 내어 말했을 때 "네가 뭘 안다고 그런 말을 해?", "그건 쓸데없는 생각이야"와 같은 반응을 보인다면, 이는 아이의 내면 세계를 무가치한 것으로 취급하는 셈이 됩니다. 이런 환경에서 자란 아이는 점차 자기 생각을 믿지 못하게 되며, 자신의 감정조차 수치스러운 것으로 여기게 됩니다. 아이의 옷, 말투, 취향, 꿈 등을 비웃는 것도 마찬가지입니다. "그게 좋다는 거야? 촌스럽다", "그런 걸 왜 좋아해? 이상한 애네." 부모의 이러한 말은 아이에게 "네가 가진 고유한 모습 자체가 틀렸다"라는 부정적인 메시지를 전달합니다. 이는 아이의 독립 욕구를 훼손하는 일이며, 그 결과 아이의 내면에는 깊은 수치심이 자리 잡게 됩니다.

**— 의존의 욕구가 훼손될 때:** 사랑받고 싶고, 누군가와 연결되어 있다는 안도감이 사라지면 그 자리에 공포심이 찾아옵니다. 우리는 본능적으로 타인과의 연결이 끊어지는 것을 생존과 직결된 위협으로 인식하기 때문에, 버려지거나 홀로 남겨

그림5 독립의 욕구가 훼손되면 수치심을 느끼고,
의존 욕구(친밀감, 유대감)가 훼손되면 공포심이 찾아온다.

질지도 모른다는 극심한 공포를 느끼게 되죠. 예를 들어, 아이가 말을 듣지 않는다는 이유로 부모가 일부러 아이를 무시하는 경우입니다. 말을 걸어도 투명인간 취급하며 대답하지 않거나 며칠 동안 차갑게 대하는 방식은 아이에게 관계 단절을 경험하게 합니다. 이런 상황에서 아이는 '부모의 말을 안 들으면 버려질 수도 있다'는 공포심을 내면화하게 됩니다.

## 수치심을 이용한 무의식적인 훈육

신기하게도 부모들은 자녀를 양육하는 과정에서 이 두 가지 감정, 즉 수치심과 공포심을 본능적으로 사용합니다. 이 방법

 기댈 수 있는 아이는 흔들리지 않는다

은 순간적으로 아이의 행동을 교정하는 데 효과적일 순 있지
만, 장기적으로는 부작용이 아주 큽니다.

**— 공포심을 이용한 훈육:** 제가 내담자들에게 가장 많이 듣는
표현 중 하나가 앞에서 언급한 "너 이 집에서 나가!"입니다. 이
말을 들은 순간 아이는 '이 집에서 쫓겨날 수도 있다'는 강력한
공포심을 느끼게 됩니다. 생존에 대한 본능적인 공포 때문에
아이는 납작 엎드려 부모의 말을 따르게 되죠. 공포심에 의해
행동이 즉각적으로 교정될지 몰라도 아이의 마음속 깊은 곳에
는 '나는 언제든 버려질 수 있는 존재'라는 불안과 공포가 깊게
자리 잡게 됩니다.

**— 수치심을 이용한 훈육:** 수치심은 개인의 독립성과 존재감
을 인정하지 않는 방식에서 비롯됩니다. 이는 인격적인 비난
을 통해 발생합니다.

**— 성격 비난:** "넌 도대체 누굴 닮아서 그래?", "왜 그렇게 유
난이야?" 이러한 말로 인해 아이는 점점 자기 감정을 숨기고,
감정 자체를 수치스럽게 느끼게 됩니다.

**— 비교:** "다른 애들은 잘만 하는데 넌 왜 이 모양이냐?" 이러

한 표현들은 자신의 존재 자체를 부정하는 것처럼 느껴져, 아이는 자신의 존재 가치에 대해 깊은 열등감을 느끼게 됩니다.

— **공개적인 망신:** "애 좀 보세요. 이 나이에 이것도 못해요." 이는 타인 앞에서 수치심을 극대화하는 방법으로, 단순 훈육이 아니라 사회적 자아를 무너뜨리는 행위입니다.

수치심은 부정적인 표현으로만 생기지 않습니다. '조건적인 사랑'을 통해서도 나타납니다. 평소에는 무관심하다가도 아이가 시험을 잘 보거나 칭찬받을 만한 행동을 했을 때만 사랑을 표현하면, 아이는 '나는 잘해야만 사랑받을 수 있는 존재구나. 가만히 있으면 나는 가치 없는 존재구나'라고 여깁니다. 이러한 경험은 아이의 마음에 깊은 수치심을 남깁니다. 특히, 요즘 부모들에게서 자주 나타나는 모습은 성과가 있을 때만 SNS에 아이 모습을 올리는 것입니다. 평상시 모습은 올리지 않다가 상을 받았을 때만 사진을 올리며 '내 자랑스러운 아이'라고 도배를 하는 거죠. 그 모습을 언뜻 보게 된 아이는 자신이 성과 중심 콘텐츠로 소비당하는 듯한 경험을 하게 됩니다.

# 자기주장과
# 수치심의 위험한 연결

아이가 성장하면서 자신의 생각이나 감정, 주장을 표현하는 건 너무나 자연스러운 발달 과정입니다. 그런데 부모는 자녀가 자기주장을 할 때 굉장한 불안을 느낍니다. '내 말을 안 듣다가 어떻게 될까 봐' 또는 '이렇게 자기주장을 하다가 나를 떠나갈까 봐'와 같은 무의식적인 불안이 수면 위로 올라오기 때문이죠. 이는 부모 또한 자녀에게 의존하는 부분이 있기에 생기는 감정입니다.

이런 불안 때문에 부모는 자녀의 자기주장을 꺾으려 들 때가 있습니다. "네가 뭘 안다고 그러냐"라며 은근히 무시하는 태도가 대표적이죠. 이러한 경험이 반복되면, 아이는 자기주장과 수치심을 연결시키는 페어링(pairing, 짝짓기)이 일어납니다. 이를 심리학적 용어로 고전적 조건 형성classical conditioning이라고 합니다. 아이가 자기주장을 할 때마다 부모에게 무시당하거나 수치심을 느끼는 경험이 반복되면, '자기주장'이라는 행동 자체가 '수치심'이라는 감정으로 자동 연결되는 것입니다. 이후에는 실제로 비난받지 않을 상황이어도, 자기주장을 하려는 찰나에 이미 수치심과 관련된 불쾌한 감정이 먼저 활성화됩니다. 즉, 이성적인 판단이 개입하기도 전에 감정이 먼저 반응해버리는 구조가 만들어지는 것입니다.

이러한 경험은 성인이 되어서도 계속 영향을 미칩니다. 자신의 의견을 말하거나 경계를 지켜야 하는 상황이 되면 멈칫하게 되는데요, 이는 과거에 자기주장을 했을 때 느꼈던 수치심이라는 감정이 다시 찾아올 것 같은 '감정 공포'가 작용하기 때문입니다. 그 결과 자기주장 자체를 원천 봉쇄하게 되는 악순환이 시작됩니다. 이러한 정서 기억은 언어로 정리되지 않은 채 몸과 감각에 저장됩니다. 어린 시절에 굳어진 반응 체계는 성인이 되어도 이어집니다. 중요한 이야기를 할 때마다 "왜 말하려고만 하면 숨이 막히지?"라고 느끼지만, 그 이유를 명확히 설명하지 못합니다.


## 내 존재 가치가 부정당하는 느낌
## : 실제 사례 분석

실제로 내담자들의 과거 이야기를 듣다 보면 이와 유사한 경험을 하신 분들을 많이 만납니다. 25세 영미 씨 역시 아픈 사례 중 하나입니다. 영미 씨는 어머니가 친구나 남자친구를 사귈 때마다 지나치게 의심하고, 심지어 "네가 아무리 애써도 안돼"라며 가능성 자체를 부정하는 태도를 보여왔다고 합

　　　　　기댈 수 있는 아이는 흔들리지 않는다

니다. 중학생 때는 친해진 친구 이야기를 할 때마다 어머니는 "그 아이 좀 이상하지 않니?", "괜히 엮였다가 상처만 받는다"라고 말하며 관계 자체를 못마땅해했다고 합니다.

영미 씨가 대학교에 들어가 처음 사귄 남자친구를 조심스럽게 이야기했을 때도, 어머니는 "너 같은 애가 연애를 해봤자 오래 못 가", "쓸데없는 희망 갖지 마"라고 단정적으로 말했다고 해요. 이런 말을 들을 때마다 영미 씨는 단순히 기분이 나쁜 게 아니라, 자신의 존재 자체가 부정당하는 느낌, 마치 내가 살아온 시간과 지금까지 내가 느낀 감정이 전부 틀렸다고 하는 것 같아 속이 상하고 초라해지는 감정을 느꼈다고 했습니다.

부모는 왜 이렇게 자녀의 인간관계를 예민하게 관리할까요? 이는 투사라는 심리 기제와 관련이 있습니다. 부모 자신이 과거 친구 관계나 이성 관계에서 겪었던 좌절, 상처, 배신감을 제대로 해소하지 못한 때, 그 억눌린 불안을 자녀에게 투사하여 자녀의 관계를 통제하려는 방식으로 푸는 것이죠. 문제는 부모가 자녀의 인간관계를 통제할수록 아이는 '나는 관계를 맺을 자격이 없는 사람인가 보다', '내가 뭘 좋아하건 그건 잘못된 것이다'라고 느끼며 자신의 존재 가치를 스스로 깎아내리게 되고, 자기주장이 어려워진다는 점입니다. 그 결과 친한 친구들 앞에서조차 눈치를 보게 되고, 자기 생각을 솔직히 표현하지 못하며, 관계 속에서 점점 위축되는 악순환이 만들어집니다.

30대 미희 씨는 낮은 자존감이 늘 고민이었다고 합니다. 어릴 적, 어머니가 크게 화를 낸 기억이 아직도 생생하게 기억난다고 합니다. 어느 날 친구가 집으로 놀러 왔는데 피곤해서 거절했다고 해요. 그 상황을 본 엄마가 "친구가 놀자고 하는데 왜 안 노냐, 그러다 왕따당하면 어떡하냐"며 화를 냈다고 합니다. 미희 씨는 당시 어렸지만 무의식적으로 "엄마는 내가 느끼는 감정보다 남에게 어떻게 보이는지를 더 중요하게 생각하는구나"라고 깨달았다고 합니다.

미희 씨의 내향적인 기질은 존중받지 못하고, 오히려 '부끄러운 것', '고쳐야 할 것'으로 취급되었던 거죠. 혼자 있고 싶은 욕구는 이기적인 게 아니라 성향의 문제였지만, 점점 자기 자신을 의심하게 되었습니다. 그 결과 미희 씨는 자신의 진정한 감정보다는 타인의 시선을 우선시하게 되었죠. 울고 싶은 상황에서 울지 못하게 억압당하면, 감정은 해소되지 않고 오히려 내부에서 더 커져 통제 불능 상태가 됩니다. 불안, 긴장, 예민함 같은 형태로 남아, 성인이 되어서도 이유 모를 불안정한 정서 상태로 이어지죠. 심지어 나중에는 불편한 감정을 느끼는 스스로를 부끄러워하게 되고, '왜 나는 이렇게 예민할까'라며 미숙한 감정 조절에 대해 또다시 수치심을 느끼는 악순환에 빠지게 됩니다.

이 사례는 부모를 비난하기 위한 것도, 과거에 머무르기 위한 것도 아닙니다. 내가 겪은 경험과 당시 느꼈던 감정이 지금의 나를 어떻게 만들었는지 이해하는 과정일 뿐이죠. 그래야만 더 이상 같은 방식으로 나 자신을 몰아붙이지 않을 수 있습니다. 선택권을 되찾기 위해서는 아픈 과거를 마주하고 인정해야 합니다. 상처가 생긴 이유를 제대로 이해하면, 그 상처에 끌려가는 존재가 아니라 그 상처를 다룰 수 있는 존재가 됩니다.

부모 역시 자신의 힘든 상황이나 과거의 상처를 해소하지 못한 나머지 자녀에게 그 감정을 투사하는 경우가 많습니다. 자녀에게 더 잘해주고 싶지만, 자기 자신을 먼저 수용하고 존중하는 법을 배우지 못하면 무의식적으로 상처를 물려주게 되는 것이죠. 그래서 이런 경험에 대한 이야기들은 부모에 대한 비난이 아니라, 세대를 넘어 상처를 끊기 위한 출발점에 가깝습니다. 중요한 점은 '그때의 부모'가 아니라 지금 이 순간의 나입니다. 과거를 바꿀 수는 없어도 그 감정을 대하는 태도는 지금부터 달라질 수 있습니다.

- 수치심은 존재의 부정입니다. 아이의 말투, 취향, 의견을 비웃거나 비교하는 것은 단순히 무안을 주는 일이 아닙니다. "너라는 존재는 틀렸다"는 수치심을 심어주어 아이의 독립적인 자아를 무너뜨립니다.

- 자기주장과 수치심의 연결을 끊으세요. 자기 의견을 말할 때마다 무시당한 아이는 성인이 되어서도 자기 생각을 말하려는 순간, 반사적인 공포와 수치심을 느낍니다. 아이의 주관이 부모와 다르더라도 그 존재 가치는 항상 존중받아야 합니다.

- 부모의 불안을 아이에게 투사하지 마세요. 자녀의 인간관계나 성향을 과도하게 통제하는 배경에는 부모 자신의 과거 상처가 있을 수 있습니다. 부모가 먼저 자신의 상처를 마주하고 수용할 때, 비로소 아이를 한 인격체로 온전히 바라볼 수 있습니다.

# 의존과 독립의 균형을
# 방해하는 부모 유형

# 의존적
# 엄마

: 아이에게 기대는 부모의 마음

우리는 의존성이라는 말을 들으면 흔히 미성숙하고 독립적이지 못한 사람을 떠올리곤 합니다. '아이까지 키우는 부모인 내가 설마 의존성이라니?'라고 생각하며 고개를 젓게 되죠. 하지만 의존성은 인간이라면 누구나 가지고 있는 본능입니다. 아이는 의존하고 싶다는 욕구가 있기에 엄마를 따르는 것이며, 엄마는 그 욕구를 충족시켜주면서 부모 역할을 해나가고 동시에 자신의 의존 욕구도 충족시키는 것입니다.

문제는 우리나라의 여러 문화적 배경으로 인해 많은 성인이 자아 분화(self-differentiation, 부모로부터 심리적으로 독립해 자기만의 가치관과 정체성을 확립하는 과정)를 거치지 못한 채 성인이 된다는 것입니다. 내면의 갈등이 해결되지 않은 상태로 아이를 키우면 의존성으로 고통을 겪게 되는 경우가 많습니다. 이 장에서 다루는 이야기를 통해 자신의 내면을 깊이 들여다보는 시간을 갖길 바랍니다.


## 지나친 의존성의
## 여덟 가지 특징


정신의학적으로는 의존성이 너무 강해서 일상생활에 큰 지장을 초래하는 상태를 의존성 성격 장애Dependent Personality Disorder, DPD라고 진단합니다. 물론 이는 전문가가 오랜 기간에 걸쳐 신중하게 판단해야 할 영역이지만, 만약 아래 항목들에 해당해 육아에 어려움을 겪고 있다면 자신의 내면을 깊이 들여다보고 성찰할 필요가 있습니다.

미국 정신의학회 진단 기준인 DSM-5(정신질환 진단 및 통계 매뉴얼 제5판)에 나오는 여덟 가지 항목을 통해, 지나친 의존성이 어떤 모습으로 나타나는지 살펴보겠습니다.

**1 | 다른 사람의 조언이나 확신 없이는 스스로 결정을 내리지 못한다.** 아이를 키우는 부모는 매 순간 무수히 많은 선택의 기로

 기댈 수 있는 아이는 흔들리지 않는다

에 놓입니다. 지나친 의존성을 지닌 부모는 스스로 결정 내리기를 매우 힘들어합니다. 그래서 주변의 도움이나 조언을 최대한 많이 들으려 하고, 그 조언을 통해서만 확신을 얻고 결정을 내리죠. 이 과정에 너무 많은 시간과 에너지를 쏟다 보니 소위 결정 장애처럼 보이기도 합니다. 하지만 이는 단순히 결정을 못 내리는 성격의 문제가 아닙니다. 자기 확신이 부족한 탓에 자신의 결정 능력을 믿지 않게 되고, 이로 인해 자신감이 점점 더 떨어지는 악순환의 굴레에 빠집니다.

**2 | 자신의 생활 전반을 책임져줄 다른 사람이 필요하다.** 아이를 키우는 부모는 그 어떤 역할보다 막중한 책임감을 느낍니다. 하지만 의존성이 매우 큰 사람들은 아이를 책임지는 역할 자체에 큰 부담감을 느끼고, 그 책임을 대신 져줄 다른 사람을 찾습니다. 남편, 친정엄마, 시어머니 등에게 그 역할을 맡기려 하죠. 남편과 내 의견이 달라도 주체적으로 행동하지 못하고 남편에게 끌려다니는 것도 이와 같은 맥락입니다.

**3 | 주변 사람들의 지지나 동의를 잃는 것이 두려워 반대 의사를 표현하지 못한다.** 상대방과 생각이나 결정이 다를 때 반대 의사를 표현하면, '괜히 반대 의견을 냈다가 이 지지적인 관계를 잃게 될까 봐' 두려워합니다. 이러한 태도는 가족 관계뿐만 아니

라, 엄마들 모임에서 특히 많이 나타납니다. 다른 엄마들과의 관계가 소원해질까 두려워 내 의견이 다름에도 불구하고 동의만 하다가 결국 그 사람에게 끌려다니게 되죠.

**4 | 자신의 능력이나 판단에 확신이 없어서 어떤 일을 스스로 시작하는 데 어려움이 있다.** 아이를 키우면서 새로운 도전이나 결정을 해야 할 때 자신의 판단 능력에 대한 확신이 없어 앞으로 나아가지 못하고 멈춰 있는 느낌을 많이 받습니다. 이는 곧 자존감 저하로 이어져 스스로를 더욱 무력하게 만듭니다.

**5 | 불편한 일이더라도 다른 사람의 지지를 얻기 위해 그 일에 자원하기까지 한다.** 이것 역시 엄마들 관계에서 흔히 볼 수 있는 모습입니다. 누가 장소를 제공할지, 누가 운전을 맡을지, 또 누가 궂은일을 감당할지를 두고 모임 안에 미묘하고도 암묵적인 눈치싸움이 벌어질 때가 있습니다. 의존성이 강한 사람은 이런 상황에 대한 부담을 크게 느끼고, 자신이 불편하고 힘들더라도 관계 유지를 위해 스스로 희생합니다. 에너지와 시간을 소모하고 스트레스도 받지만, 관계를 잃을지도 모른다는 두려움 때문에 다른 선택을 하지 못하는 것입니다.

**6 | 스스로 자신을 돌볼 수 없을 것 같은 두려움 때문에 혼자 있으**

 

**면 불안하고 무력해진다.** 아이를 키우는 부모들은 혼자 있는 시간을 갈망하면서도 막상 아이가 어린이집이나 학교에 가고 혼자 남겨지면 그 시간을 어떻게 보내야 할지 몰라 합니다. 자신을 잘 돌보지 못할 것 같다는 불안감에 사로잡혀 자꾸만 누군가를 만나려 하죠. 이 상태가 반복되면 혼자 있는 시간이 더 힘들어지고, 누군가에게 더 의지하게 됩니다.

**7 | 자신을 돌봐주고 지지해주던 사람과 헤어지게 되면, 그러한 지지와 돌봄을 얻기 위해 급히 다른 사람을 만나야 한다.** 친밀했던 동네 엄마나 엄마들 모임 관계가 깨지거나 단톡방이 사라졌을 때 혼자 남겨지는 것을 두려워하며, 곧바로 다른 모임을 만들어 또 다른 의존 대상을 찾습니다. 이는 의존성의 악순환을 반복하게 만듭니다. 의존 대상이 사라졌을 때 홀로 서는 연습을 하기는커녕, 그 공백을 채우기 위해 또 다른 사람을 찾는 방식이죠.

**8 | 항상 스스로를 돌봐야 하는 상황에 처할 수 있다는 두려움에 집착한다.** 자신이 홀로 남겨지는 것, 즉 의지할 대상이 없는 독립적인 상태에 대한 두려움 때문에 끊임없이 관계에 집착하고, 유지하려 애씁니다. 이는 모든 관계가 결국은 혼자가 된다는 공포로 귀결될 수 있음을 보여줍니다.

## 부모의 지나친 의존은
## 아이에게 대물림된다

앞서 말씀드린 의존성 항목들은 친정이나 시댁, 남편, 친구 등 다양한 관계에서 나타날 수 있습니다. 하지만 가장 큰 문제는 바로 우리 아이와의 관계에 미치는 영향입니다.

아이가 어릴 때는 부모의 의존성이 문제가 되지 않습니다. 아이는 부모를 의지하고, 부모도 아이를 돌보며 서로 의지하는 관계 속에서 끈끈한 유대감을 형성하죠. 그러나 아이가 점점 커가면서 자신의 의사를 표현하고 심리적 독립을 시도하면

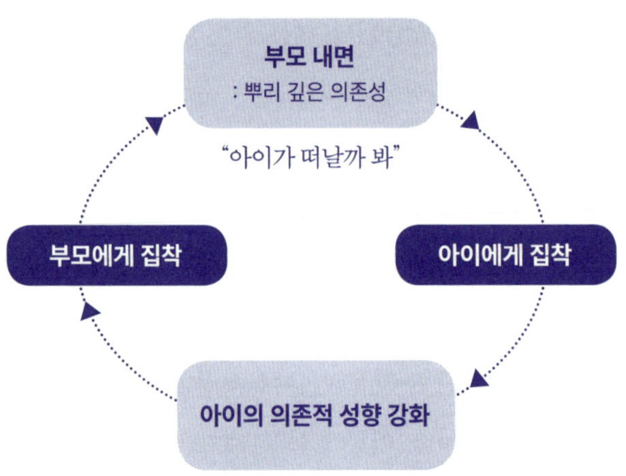


그림6 부모 내면의 미해결된 의존성은 아이에 대한 집착으로 나타나고, 그 집착은 다시 아이의 의존성을 강화하며 세대를 넘어 반복된다.

 기댈 수 있는 아이는 흔들리지 않는다

서 문제가 발생합니다.

- **아이는 부모를 떠나 독립하려 한다.**
- **부모는 아이가 자신을 떠날 것 같다는 두려움을 느낀다.**
- **부모는 아이에게 집착하고, 아이의 독립적인 영역을 허락하지 못한다.**

아이는 책이나 주변의 또래를 통해 '독립적으로 커가는 것'이 자연스러운 발달 과정임을 머리로는 압니다. 하지만 부모의 무의식적인 집착으로 인해 '내가 독립성을 추구하면 부모의 애정을 잃게 될 것'이라는 두려움이 아이의 마음에 심어집니다. 이 두려움은 '나는 혼자가 되는 벌을 받는구나'라고 생각하게 만들죠. 결국 아이는 두 가지 갈래 길에 서게 됩니다.

**— 극단적인 반항:** 청소년기에 들어서면 더 강하게 부모와 단절하고 바깥으로 겉돌게 됩니다. 겉으로는 독립적인 것처럼 보이지만, 사실은 부모로부터 도망치는 '가짜 독립성'으로 이어질 수 있습니다.

**— 의존성의 대물림:** 엄마와 같은 의존의 길을 선택하게 됩니다. 자신만의 독립적인 영역을 구축하기보다 엄마와의 의

존적 관계에 머무는 쪽을 택하며, 심리적 독립을 포기해버립
니다.

이러한 아이는 겉으로는 부모와 사이가 좋은 것처럼 보이지
만, 자아 분화가 되지 않은 채 성장하게 됩니다. 결국 다른 사
람에게 휘둘리지 않고 주체적인 삶을 사는 힘을 갖추지 못하
고 엄마의 의존성을 그대로 닮아갑니다. 아이는 무의식적으로
'엄마는 무력하고 당하는 삶을 살았구나. 저것이 바로 살아가
는 방식이구나'라고 배우게 됩니다.


## 의존성 해결을 위한 실천 방안
### → 의존성의 대물림을 막는 방법

의존성 성격의 핵심은 '정서적인 지지에 대한 과도한 욕구'
입니다. 이는 타고난 기질일 수도 있지만, 양육 환경에 의해 강
화될 수도 있습니다. 우리는 부모로서 자신의 의존성을 잘 헤
아리고, 아이의 의존성을 강화시키지 않도록 노력해야 합니다.

지나친 의존성을 야기하는 양육 패턴은 크게 두 가지로 나눌
수 있습니다.

— **과잉보호:** 아이의 욕구를 즉각적으로, 자주 충족시켜주

 기댈 수 있는 아이는 흔들리지 않는다

는 경우입니다. 예를 들어, 초등학생인데도 아이가 해달라고 할 때마다 "무거울까 봐", "늦을까 봐", "실수할까 봐" 하는 마음으로 준비물을 챙겨주고, 숙제 하나하나를 옆에서 지휘하는 식이죠. 이러한 경험이 반복되면 결국 아이는 '혼자서는 불안하다'는 의존적인 방향으로 기울게 됩니다.

— **과잉통제:** 아이의 욕구 충족을 지나치게 지연하고 통제하여 결핍감을 반복적으로 경험하게 하는 경우입니다. 예를 들어, 옷, 헤어스타일, 간식, 취미, 학원 등을 아이의 욕구대로 선택하고 싶어 할 때 "그냥 엄마 말 들어"라고 하며 부모의 기준으로 일방적으로 결정하는 것입니다. 이 과정이 반복되면 아이는 자신의 선택을 신뢰하지 못하고, 중요한 결정일수록 타인에게 의존하게 됩니다.

두 가지 양육 패턴 모두 아이를 의존적으로 만듭니다. 과잉보호와 과잉통제는 상반되는 개념 같지만, 실제 부모에게는 이 두 양상이 동시에 나타나는 경우가 매우 흔합니다. 부모는 기계가 아닌 감정적으로 반응하는 존재이기 때문이죠. 아이가 힘들어하거나 속상해할 때는 과잉보호 형태로 반응하다가, 아이가 자기 의견을 내고 독립하려 할 때는 과잉통제 형태로 바뀝니다.

과잉보호의 경우, 아이는 스스로 시도해볼 기회를 잃게 되면서 '나는 혼자 하면 안 되는 존재'라고 느끼게 되고, 부모의 도움 없이는 불안해하는 패턴이 형성됩니다. 작은 일도 부모에게 먼저 묻고 확인받아야만 안심하기 때문에, 스스로 선택하거나 책임지는 경험을 축적하지 못해 독립적인 판단이 어려워지고 더욱 의존적이게 됩니다.

과잉통제는 어떨까요? 아이가 독립성을 시도할 때 비난하거나 처벌하면, 아이는 '독립성은 애착과 사랑을 잃는 것'이라고 여기게 됩니다. 결국 무엇이든 엄마에게 "해도 돼요?"라고 묻는 아이가 되죠. 스스로 혼자 결정하는 것을 두려워하게 되어 결과적으로 의존성이 더욱 강화됩니다.

이러한 악순환을 끊어내기 위해서는 다음과 같은 노력이 필요합니다.

**— 나에게 집중하기:** 혼자만의 시간을 누리세요. 의존성이 강한 부모는 자꾸 누군가를 찾고 싶어 합니다. 하지만 이 마음을 참고 혼자만의 시간을 누리는 연습을 해야 합니다. 처음에는 불안감이 크겠지만, 그 불안감을 견뎌내야 합니다. '다른 사람의 지지'가 아니라, '나 자신과의 관계에서 느끼는 지지'를 경험해야 합니다. 아이를 키우며 불안한 순간마다 맘카페에

  기댈 수 있는 아이는 흔들리지 않는다

질문을 올리거나, SNS에서 공감받으려 하거나, 지인에게 카톡을 보내 조언을 구하는 행동은 의존성을 강화시킵니다. 반대로, 스마트폰을 꺼두어 시간 확보하기, 일기 쓰기, 명상하기, 좋아하는 취미 갖기 등을 통해 나 자신의 감정에 귀 기울이는 연습을 해야 합니다. 처음엔 불안이 더 커지는 느낌을 받을 수 있습니다. 그러나 반복할수록 안정감을 경험할 것입니다.

**— "해도 돼요?"에 대한 해답:** 혼자 결정할 힘을 길러주세요. 아이의 "해도 돼요?"라는 질문에 부모는 답을 주려 합니다. 하지만 이것은 아이의 의존성을 강화하는 것입니다.

"해도 돼요?"라고 물었을 때 "네 생각은 어때?"라고 되물으며 아이가 스스로 생각하고 결정할 수 있도록 힘을 실어주어야 합니다. 나아가 "그 선택을 한 이유는 뭐야?", "그럼 어떤 결과가 생길까?"라며 이유와 결과를 연결시켜 물으면 사고력과 책임감을 키워줄 수 있습니다. 이것은 아이의 주체성을 키워주는 동시에, 부모의 의존성 문제도 해결하는 중요한 열쇠가 됩니다. 부모의 불안이 큰 편이라면 사소한 선택부터 아이에게 맡기는 것이 좀 더 수월합니다. 예를 들어, 옷 고르기, 간식 고르기, 공부 순서 정하기 등 선택이 큰 문제가 되지 않는 영역부터 시작하는 거죠.

이러한 의존성은 완벽주의나 회피성보다 훨씬 더 뿌리가 깊어 한국 문화 전반에 퍼져 있습니다. 하지만 괴롭더라도 직면하고, 해결하려는 동기를 가져야만 변할 수 있습니다. 내가 지금까지 하던 것과 반대로, '나에게 먼저 집중하고 아이의 독립을 응원할 때' 비로소 의존성의 악순환은 끊어지고, 건강한 자아를 가진 부모와 아이가 될 수 있습니다.

- 부모의 심리적 독립이 우선입니다. 부모의 의존성은 자녀에 대한 집착으로 이어집니다. 아이가 부모의 정서적 짐을 대신 지지 않도록 부모 먼저 홀로서기를 시작해야 합니다.

- 의존의 대물림을 멈추세요. 과잉보호와 통제는 아이의 주체성을 꺾습니다. 아이가 스스로 선택하고 책임질 기회를 주어야 타인에게 휘둘리지 않는 어른으로 성장합니다.

- 혼자만의 시간을 견뎌내세요. 불안을 외부에서 해결하려 하기보다 오롯이 자신에게 집중하는 연습이 필요합니다. 부모가 자기 자신을 돌볼 때 아이의 독립도 진심으로 응원할 수 있습니다.

# 회피적
# 엄마

: 관계를 피하는 습관이 만드는 그림자

아이와의 관계를 지나치게 긴밀하게 유지하려는 의존적인 성격의 부모도 아이의 의존과 독립의 균형을 방해하지만, 아이와의 관계를 피하는 회피적인 성격의 부모도 마찬가지입니다. 우리는 종종 아이에게 화를 내는 부모를 문제라고 생각하지만, 아이에게 더 오랜 기간 부정적인 영향을 남기는 것은 아무 말도 하지 않는 부모입니다. 다투지도 않고, 지적도 적고, 아이의 기분을 나쁘게 할 일도 거의 없습니다. 겉으로 보기에는 평온하고 다정해 보이죠. 그러나 문제가 생겨도 대화를 피하고, 아이가 힘든 마음을 털어놓으려 할 때도 자연스럽게 다른 이야기로 넘깁니다. 겉으로는 부드럽고 조용한 관계지만,



기댈 수 있는 아이는 흔들리지 않는다

아이는 어느 순간 공허함을 느낍니다. 아이가 상처를 직접적으로 받지 않더라도 정서적으로 연결되지 않는 고립감을 학습하게 되죠.

회피는 단순히 문제를 피하는 행동이라고 생각할 수 있지만, 이는 그저 표면적인 현상일 뿐입니다. 회피를 하는 데에는 그럴 만한 깊은 심리적 이유가 있습니다. 그 이유를 중심으로, 회피성 성격의 부모가 아이에게 어떤 영향을 미치는지 자세히 살펴보겠습니다.


## 회피적 패턴의
## 형성과 특징


회피는 심리학에서 말하는 방어기제(defense mechanism, 스트레스나 불안을 줄이기 위해 무의식적으로 사용하는 심리적 전략) 중 하나입니다. 감정적으로 어떤 갈등 상황이 발생했을 때 그 상황을 정면으로 마주하기보다 피하는 행동을 주로 합니다. 회피적인 행동 이면에는 특정 감정들이 깊이 자리 잡고 있습니다.

감정에는 크게 두 가지 종류가 있습니다.

- **활성화 감정**: 흥분, 분노, 기쁨처럼 행동을 유발하는 감정
- **억제 감정**: 두려움, 죄책감, 수치심처럼 행동을 멈추게 하는 감정

부모가 아이를 양육할 때는 억제 감정을 활용하기 쉽습니다. 예를 들어, 아이가 밤에 잠을 자지 않으려 할 때 도깨비 앱을 보여주며 공포심을 자극하거나, 친구 관계에서 바람직하지 않은 행동을 했을 때 "너 그렇게 하면 친구들이 싫어해" 같은 말로 수치심을 유발해 아이의 행동을 멈추게 하려는 것이죠. 또한 아이가 자기주장을 강하게 하거나 떼를 쓸 때, "너 때문에 엄마가 너무 힘들어"라고 말하며 죄책감을 안겨주기도 합니다.

이렇게 어릴 때부터 억제 감정을 통해 행동이 억제되는 경험이 반복되면, 아이는 자연스러운 감정 표현이나 자기주장을 할 때마다 무의식적으로 수치심이나 두려움을 느끼게 됩니다. 결국 마음속에 갈등이 생기거나 충동이 올라올 때마다 스스로를 억누르게 되는데요, 이것이 바로 회피적인 성격을 형성하는 결정적인 패턴이 됩니다. 그리고 이 패턴의 핵심에는 바로 '수치심'이라는 감정이 자리 잡고 있습니다.

# 회피 행동의
# 다양한 형태

회피성 성격을 가진 사람은 갈등 상황뿐만 아니라, 갈등이 생길 소지가 있는 상황 자체를 피하려 합니다. 추운 겨울날 서로 온기를 나누려 가까이 모였다가 가시에 찔려 고통을 느끼고 다시 거리 두기를 반복한다는 '고슴도치 딜레마'라는 말이 있습니다. 덜 상처받으려 적당한 거리를 찾는다는 이 비유처럼, 회피성 성격의 사람들은 친밀감을 원하면서도 상처받는 것이 두려워 안전거리를 유지하며 깊은 관계를 맺지 않으려

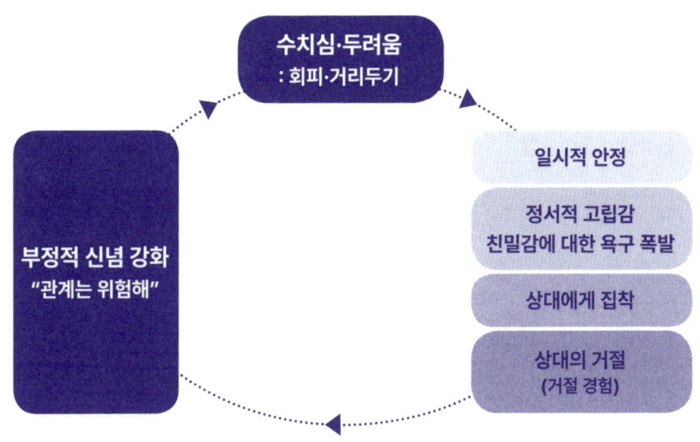


그림7 회피는 수치심과 두려움을 피하려는 방어기제이며,
억눌린 친밀감은 회피와 집착의 악순환을 만든다.

합니다.

이러한 행동은 일시적으로는 안전함을 느끼게 해주지만, 근본적인 만족감을 주지는 못합니다. 인간의 기본 욕구인 정서적 친밀감을 경험하지 못하기 때문에, '나는 사랑받는 관계를 형성할 수 없는 사람'이라는 부정적인 인식이 더욱 강화되고, 이는 다시 회피적인 행동으로 이어집니다.

회피적인 사람은 행동 뿐만 아니라 감정 자체를 억제하려 듭니다. 친밀감에 대한 욕구가 좌절되는 경험은 큰 상처가 되기 때문에, 친밀감을 갈망하는 마음 자체를 아예 억누르려 애씁니다. 하지만 감정은 억제한다고 해서 사라지지 않습니다. 오히려 쌓였다가 예기치 못한 순간에 터져 나오기 마련이죠.

이 감정들은 '집착'의 형태로 나타납니다. 내가 원하면서도 억압했던 친밀감에 대한 갈망이 폭발하며, 상대방에게 과도한 기대를 하고 집착하게 되는 것이죠. 이 과정에서 관계는 자연스럽게 갈등으로 이어지고, 상대방이 나를 거절하거나 밀어내는 듯한 느낌을 받게 되면서 '타인은 나를 거절하는 존재'라는 부정적인 인식이 다시 한 번 공고해집니다.

회피 행동의 또 다른 예는 SNS나 드라마, 영화에 집착하는 것입니다. 쌍방의 관계가 아닌 일방적인 관계만 존재하는데도, 마치 상대방과 친밀한 사회관계를 맺고 있는 것처럼 느낍니다. 심리학에서 유사사회 관계Parasocial Relationships라고 불리는

 기댈 수 있는 아이는 흔들리지 않는다

이 현상은 직접적인 관계에서 오는 갈등이나 상처를 피하면서도, 어느 정도의 유대감과 친밀감을 간접적으로 경험할 수 있는 안전한 도구가 됩니다. 하지만 이러한 간접적인 관계에 익숙해지다 보면, 현실의 대인관계가 더욱 위험하게 느껴지고, 관계를 맺을 좋은 기회가 찾아와도 자신도 모르게 벽을 치며 회피하게 됩니다.

## 회피성 양육이 아이에게 미치는 영향

회피성 성격을 가진 사람이 부모가 되면, 그 성향이 육아 과정에서 다시금 문제를 일으킵니다. 아이가 성장하며 부모와 갈등이 생기는 것은 당연한 과정입니다 하지만 아이가 자기주장을 하고 떼를 쓸 때, 회피적인 부모는 갈등 상황을 견디지 못하고 피하려 듭니다.

**— 미디어로 회피하기:** 아이를 잠재우기 위해 미디어(핸드폰, 태블릿 등)를 과하게, 자주 쥐여줍니다. 아이가 울거나 떼쓰면 상황을 모면하려 화면으로 관심을 돌리기도 합니다.

— **감정적 단절로 회피하기:** 자신이 어릴 때 경험했던 것처럼 억제 감정을 이용해 아이를 훈육하려 합니다. 아이의 감정 표현에 "그만 울어", "별일 아니야"라며 반응을 끊기도 합니다.

— **미묘한 거리 두기:** 적극적으로 회피하지 않더라도 아이와 정서적으로 긴밀한 상호 작용을 해야 하는 상황에서 은근히 마음의 거리를 두고 벽을 세웁니다. 아이가 다가와도 짧게 대답하거나 시선을 피하는 식이지요.

부모의 회피적인 태도를 보며 아이는 '엄마가 나에게 벽을 세우는 것 같아', '나를 피하는 것 같아'라는 느낌을 받습니다. 이 단절된 경험은 아이에게 큰 두려움과 수치심을 유발하고, 결국 아이 또한 회피적인 성향으로 굳어지게 됩니다.

회피적인 성격을 띤 양육은 불안정 애착과 깊은 관련이 있습니다. 애착 대상인 부모와의 관계에서 수용받지 못해 부끄러운 감정을 반복해서 경험하다 보면, 아이는 성인이 되어 다음과 같은 부정적인 인식을 형성하게 됩니다.

— **자기 자신에 대한 부정적 인식:** '나는 사랑받을 만한 사람이 아니다', '나는 부적절하고 열등하다'고 느낍니다.

 기댈 수 있는 아이는 흔들리지 않는다

— **타인에 대한 부정적 인식:** '사람들은 나를 평가하고 지적하며, 나에게 수치심을 줄 것이다'라고 생각합니다. 결국 아이는 상처로부터 자신을 보호하기 위해 회피를 선택하게 됩니다.

## 회피성 양육의 악순환을 끊는 방법
## : 나 자신에게 좋은 부모 되기

회피성 양육의 악순환을 끊어내는 방법은 무엇일까요? 그 해답은 '나를 돌보는 방법'을 바꾸는 데 있습니다. 우리는 과거에 충분한 정서적 돌봄을 받지 못한 결핍 때문에, 성인이 되어서도 그 부족함을 타인의 지지나 인정을 통해 채우려 합니다. 아이러니하게도 자녀라는 존재를 통해 그 결핍을 메우려 합니다. 아이에게 집착하고, 아이의 행동을 통해 가치나 사랑을 확인하려 하는 것이죠.

이러한 회피적 패턴을 해결하기 위한 방법은 다음과 같습니다.

**1 감정을 피하지 않고 머무는 연습**

회피성 성격의 핵심 문제는 감정을 느끼는 것 자체를 두려워한다는 점입니다. 그래서 갈등뿐 아니라 친밀감, 기대, 실망 같은 강렬한 감정들조차 피하려 듭니다. 이를 해결하기 위해서는 감정을 억눌러 사라지게 하려는 시도 대신, 그 감정 속에 잠시 그대로 머무는 훈련이 필요합니다. 감정을 회피하지 않고 견뎌내는 능력을 정서적 내성emotional tolerance이라고 합니다. 이는 정서중심치료EFT나 변증법적 행동치료DBT와 같은 심리 치료에서 매우 강조되는 핵심 개념입니다. 정서적 내성을 키우기 위한 구체적인 방법으로는 다음과 같은 방법들이 있습니다.

- **감정 이름 붙이기:** 불안, 서운함, 기대감 등 감정에 단어를 붙인다.
- **감정의 위치 찾기:** 가슴, 목, 위 등 몸의 감각으로 느껴본다.

**2 익숙한 관계가 아닌 새로운 방식의 관계 해보기**

회피는 자기와 닮은 관계를 반복하며 더욱 강화됩니다. 익숙한 패턴을 깨기 위해서는 이전과는 다른 새로운 방식의 경계 설정이나 표현을 시도해야 합니다. 인간은 타인과의 관계 경험을 반복하며 자신과 타인에 대한 믿음을 업데이트해 나가는데요, 이를 관계적 재학습Relational Relearning이라고 합니다. 이를 실천하는 구체적인 방법은 다음과 같습니다.

- **작게 표현하기:** "이건 조금 서운했어."
- **요구를 명확히 표현하기:** "오늘은 혼자 쉬고 싶어."

### 3 과한 독립심을 내려놓는 연습

회피적인 성향의 사람은 타인의 도움을 자신의 약점이 노출되는 것이나 심리적 부담으로 느낍니다. 그러나 건강한 의존은 친밀감의 필수 요소입니다. 정신분석과 애착이론에서는 도움받는 경험이 자기감을 회복시키는 핵심 과정임을 강조합니다. 구체적인 실천 방법을 알아보겠습니다.

- **작은 부탁부터 하기:** "이거 좀 도와줄 수 있어?"
- **도움에 대해 미안해하지 않기:** "고마워"만 말하기.

회피성은 부모 자신뿐만 아니라 아이와의 관계, 나아가 아이의 발달에까지 깊은 영향을 미칩니다. 아이는 엄마의 회피적인 패턴을 보고 배우며 자라기 때문입니다. 내가 겪었던 정서적 악순환을 아이에게 물려주지 않으려면, 고통스럽더라도 자신의 회피성을 직면하고, 스스로를 돌보는 노력을 해야 합니다. 내가 건강한 사람으로 바로 설 때 비로소 아이 또한 몸과 마음이 건강한 사람으로 성장할 수 있습니다.

- 정서적 방임을 경계하세요. 갈등이 두려워 침묵하거나 미디어로 회피하는 태도는 아이에게 깊은 고립감을 남깁니다.

- 감정에 머무는 연습을 하세요. 불안과 서운함을 피하지 않고 이름을 붙여 견뎌낼 때 아이와 진짜 연결될 수 있습니다.

- 도움을 주고받으며 벽을 허물어보세요. 혼자 다 하려는 강박을 버리고 작은 부탁부터 시작해 건강한 의존의 본보기가 되어주세요.

# 완벽주의 부모

: 바른 행동만 유도하며 양육할 때 벌어지는 일

아이의 성장은 의존과 독립 사이를 오가는 과정입니다. 어린 시절에는 부모의 도움을 충분히 받으며 정서적 의존을 경험해야 하고, 성장하면서 점차 스스로 선택하고 책임지는 독립을 배워야 하죠. 그런데 의존과 독립의 균형을 방해하는 부모 유형 중 하나가 바로 완벽주의 부모입니다.

물론 완벽주의가 꼭 부정적인 것은 아닙니다. 공부나 일을 할 때 높은 기준을 세우고, 이를 철저히 계획하여 완수함으로써 성취감을 느끼는 긍정적인 측면도 분명 존재합니다.

하지만 아이를 키우는 과정에서는 이야기가 달라집니다. 아이는 결코 부모의 계획대로 움직여주지 않고, 예측 불가능한

 기댈 수 있는 아이는 흔들리지 않는다

돌발 상황이 끊임없이 발생하기 때문입니다. 아이마다 기질과 성향이 모두 다르기에, 같은 방식으로 양육해도 결과는 다르게 나타나죠. 따라서 인풋(노력)과 아웃풋(결과)이 비례하지 않는 육아의 특성상 완벽주의 성향의 부모는 엄청난 어려움을 겪게 됩니다. 자신이 세운 높은 기준을 완벽하게 수행하는 것을 삶의 동력이자 성취감으로 여겨왔던 부모일수록 육아라는 변수 앞에서 힘들어하는 경우를 자주 보게 됩니다.

실제로 진료실에서 육아 번아웃으로 가장 자주 만나는 유형 중 하나가 바로 전문직 부모 혹은 고학력 부모입니다. 자기 일에서 큰 성취를 이루어왔기에, 높은 기준을 세우고 스스로를 통제하는 방식에 대한 확신을 가지고 있죠. 문제는 이 방식을 아이에게도 똑같이 적용한다는 점입니다. 아이가 숙제를 늦게 하거나 문제를 반복적으로 틀리면 견디지 못합니다. 완벽주의 성향의 부모는 상담하며 이런 하소연을 하곤 합니다.

"곧 시험인데 왜 미리 준비하지 않는지 모르겠어요.", "자기 인생이 걸린 일인데도 아무 생각이 없는 것 같아요.", "내 자식이지만 도무지 이해가 안돼요."

완벽주의는 정신의학 용어로 강박성 성격 특성Obsessive-Compulsive Personality Trait과 비슷한 개념인데, 이것이 심해지면 강박성 성격 장애Obsessive-Compulsive Personality Disorder가 되기도 합니다. 이 강박성 성격 특성이 육아에 어떤 영향을 미치는지 알아보겠습니다.

## 완벽주의의
## 양면성

강박성 성격의 가장 큰 특징은 자신에 대한 기준이 지나치게 높고 엄격하다는 점입니다. 심리학적으로 초자아(superego, 도덕적 가치와 이상을 추구하며 스스로를 평가하고 규제하는 정신의 한 부분)가 매우 철저하게 작동하여 끊임없이 스스로를 채찍질하고 벌합니다. 마치 내 안에 감독관이 있는 것처럼요.

이런 성향을 가진 사람들은 높은 기준을 세우고, 그 목표를 달성했을 때 만족감을 얻습니다. 하지만 이것은 일시적인 만족감에 불과합니다. 그들이 세운 높은 기준은 자신의 진짜 욕구에서 나온 자율적인 선택이 아닐 때가 많기 때문입니다. 결국 타인에게 인정받거나 비난을 피하기 위해서, 혹은 과거의 경험으로 굳어진 기준에 맞춰 살아가느라 자유롭지 못한 삶을 살게 됩니다. 나아가 통제에 대한 집착으로 이어집니다. 높은 기준을 달성하기 위해서는 내 마음과 행동, 그리고 내 주변의 모든 것을 통제해야 한다고 믿기 때문이죠. 통제가 잘 되어야만 마음이 편하고 불안이 덜해집니다.

바로 이 지점이 완벽주의 성향의 부모가 육아에서 큰 어려움을 겪는 이유입니다. 아이는 부모의 뜻대로 통제될 수 없는 존재이기 때문입니다. 자신의 삶을 완벽하게 통제했던 사람들도 아이를 키우면서 직면하는 통제되지 않는 여러 상황에 큰 불안을 느낍니다. 하지만 이들은 불안을 수용하는 새로운 방식을 찾기보다, 오히려 익숙한 방식대로 아이를 점점 더 통제하려 듭니다. 이는 곧 관계의 악순환으로 이어지며, 더 많은 긴장과 에너지 소모를 불러와 결국 번아웃이나 우울증으로 이어지기도 합니다.

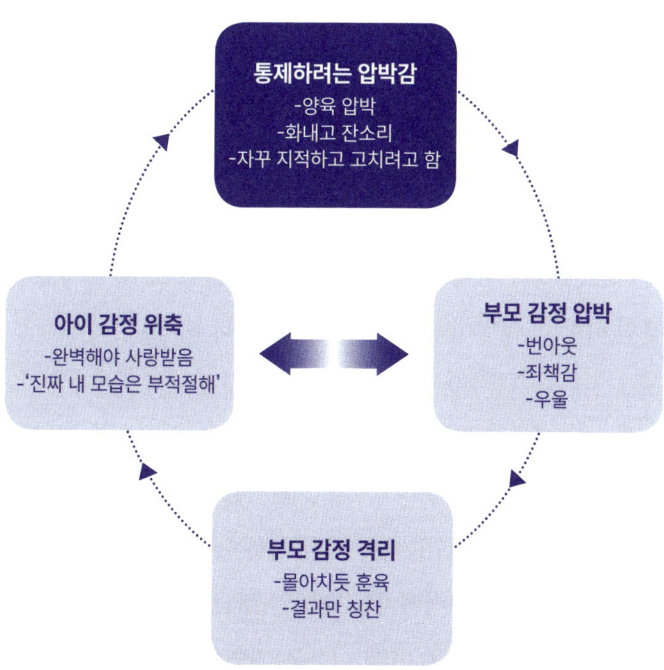


그림8 통제하려는 압박감이 부모의 번아웃과 위축된 아이를 만든다.

그렇다면 강박성 성격은 왜 생기는 걸까요? 감정을 회피하려는 방어기제에서 비롯되는 경우가 많습니다. 심리학적으로 격리(isolation, 생각과 감정을 분리하여 감정을 느끼지 않는 것처럼 만드는 방어기제)라는 방어기제를 많이 사용합니다. 복잡한 감정이나 분노를 해결하고자, 감정은 따로 떼어놓고 이성과 논리에 몰입하는 방식으로 살아가죠.

이런 분들은 자신의 감정을 드러내길 어려워합니다. 그래서 감정을 물어보면 늘 생각이나 논리적인 답변으로 되돌아갑니다. 아이와의 상호작용은 논리가 아닌 감정적인 교감이 우선시되어야 하기에 강박성 성격의 부모는 이를 매우 어려워합니다. 아이의 감정을 이해하기보다, '왜 그랬는지'를 논리적으로 따지려 하죠.

이러한 성격의 형성 원인을 깊이 파고들면 소위 '사랑받지 못한 아이'의 경험이 있는 경우가 많습니다.

**— 결과물로 인정받은 경험:** 있는 그대로의 나 자신을 인정받기보다, 우월한 결과물이나 행동을 보였을 때만 칭찬받은 경험이 많습니다. 예를 들어, 어린 시절 시험에서 높은 점수를 받아오면 부모가 매우 기뻐했지만, 평범한 성적일 때는 무관심하거나 실망한 표정을 짓습니다. 아이는 자연스레 '있는 그대로의 나는 충분하지 않다'고 느끼게 되죠. 부모에게 사랑받기 위해서

　　　　　기댈 수 있는 아이는 흔들리지 않는다

는 늘 더 잘해야 하고, 실수하면 안 되며, 높은 기준에 도달해야만 안전하다는 자기 가치감이 내면에 자리 잡게 되는 것입니다.

**— 감정 표현의 부재:** 자유롭게 감정을 표현하고 애정을 주고받는 경험이 부족한 가정 환경에서 자란 경우가 많습니다. 힘든 일이 있어 울거나 속상하다고 표현하면 부모가 이렇게 말하죠. "그런 걸로 왜 울어?", "이런 건 참아야지, 세상이 만만한 줄 알아?" 이런 메시지를 반복적으로 듣다 보면, 이성이 안전하다고 생각하게 됩니다. 그래서 감정은 가슴 속 깊이 눌러 두고, 이성과 성취를 통해 자신을 증명하는 방식을 선택하게 됩니다.

이러한 경험은 아이로 하여금 자신의 다양한 감정(기복, 연약함, 죄책감 등)을 거부하게 만듭니다. 복잡한 감정을 외면하고 문제를 해결하는 데만 집중하기 위해 논리와 합리에 몰두하게 되는 것이죠.


통제적인 배변 훈련을 강압적으로 받은 아이들도 강박성 성격이 나타나는 경우가 많습니다. 프로이트는 인간의 성격이 심리성적 발달 단계를 거치며 형성된다고 보았습니다. 이 중 2~3세 무렵의 항문기anal stage는 배변 훈련을 통해 처음으로 통제와 자율성을 경험하고, 이는 이후 성격 형성과도 깊은 관련이 있습니다. 프로이트의 이론 자체는 고전적이지만, 현대 심리학에서도 강압적 배변 훈련이 자율성 상실과 감정 억압을 유발해 강박 성향을 높일 수 있다고 인정합니다. 배변 조절은 아이가 처음 경험하는 자기 결정권이기 때문입니다. 이 시기에 통제가 강요되면 아이는 실수에 대한 불안을 내면화하고, 통제와 완벽성을 통해 안전을 확보하려는 성향을 갖게 됩니다.

결국 이들은 통제를 통해 감정을 억압하고, 자신의 감정과 점점 멀어지는 방식으로 살아갑니다. 이 패턴은 부모가 되어 아이를 키울 때 대물림될 가능성이 높습니다. 통제받는 아이는 당연히 기분이 나쁠 수밖에 없고 화가 납니다. 하지만 부모는 아이의 그 감정조차 억압하고 격리시킨 채, 자신이 원하는 '바람직한 결과물'을 만들어내는 데에만 몰두합니다.


## 강박적 양육이
## 아이에게 남기는 상처


강박 성향의 성격은 육아에서 다음과 같은 어려움을 초래합니다.

    기댈 수 있는 아이는 흔들리지 않는다

— **아이의 의존 욕구 거부:** 강박 성향의 부모는 스스로의 의존 욕구를 억압하며 독립적으로 해내는 것을 강인하다고 생각합니다. 의존을 억누르고, 통제와 성취로 자신을 지탱해온 사람일수록 타인의 의존에 불안을 느낍니다. 그래서 아이가 자신에게 의존하는 모습에 심한 거부감을 느끼고, '이러다가 아이가 스스로 행동하는 성인이 못 될까 봐' 걱정합니다.

— **융통성 없는 관계:** 아이와의 관계는 논리보다 감정적인 소통이 중요합니다. 하지만 강박 성향의 부모는 감정이 억압되어 있어 자연스럽고 융통성 있는 소통이 어렵습니다. 이는 아이와의 관계를 경직되게 만들고, 아이가 자신의 감정을 솔직하게 표현하는 것을 막습니다.

— **내면의 감정 폭발:** 감정은 억압한다고 사라지지 않습니다. 아이를 키우며 통제가 안 되는 상황에 직면했을 때 억눌렸던 감정들이 예상치 못한 순간에 폭발하곤 합니다. 이로 인해 아이에게 지울 수 없는 상처를 입히고, 부모 스스로도 죄책감에 시달리게 됩니다.

강박성 성향의 부모는 아이가 스스로 해내는 모습을 기대하지만, 아이가 스스로 해낼 수 있는 힘은 관계 속에서 충분히 정서적으로 지지받을 때 비로소 생겨납니다. 자기조절 능력 또한 따뜻한 관계 안에서 안전감을 느낄 때, 아이가 스스로 선택하고 실천할 수 있는 것이죠. 즉, 아이의 성장에 중요한 것은 엄격한 통제로 혼자 하게 만드는 것이 아니라, 불안을 공유하고 감정을 조율해줄 수 있는 관계의 기반을 제공하는 것입니다. 규칙보다 관계, 통제보다 공감이 아이의 성장을 단단하게 만든다는 사실을 기억하세요.

## 완벽주의의 굴레에서
## 벗어나는 방법

이러한 강박성 성격으로 육아가 힘들다면, 이 기회를 통해 자신을 변화시키는 노력을 해봅니다. 육아는 지금까지의 내 삶의 힘든 패턴을 개선할 수 있는 좋은 기회입니다.

— **감정에 집중하기**: 내가 가진 높은 기준을 내려놓습니다. 하지만 말이 쉽지, 실천하기는 어렵죠. '내가 완벽하지 않다'는 생각을 강제로 주입하기보다는, 지금까지 감정을 억압했던 패턴을 바꾸는 데 집중해야 합니다. 바로 '생각'에 몰두하는 대신, '감정'에 집중하는 연습을 하는 것입니다.



기댈 수 있는 아이는 흔들리지 않는다

**— 감정 일기 쓰기:** 강박성 성향을 가진 분들에게는 감정 일기가 매우 효과적입니다. 하지만 이분들은 감정 일기마저 형식이나 논리에 맞춰 쓰려고 합니다. 감정 일기의 본질은 생각이 떠오르는 대로, 형식에 구애받지 않고 마구잡이로 '갈겨 쓰는 것'에 있습니다. 초반에는 '내가 이렇게 이상한 생각과 감정을 지닌 사람이었나' 싶어 충격받을 수 있지만, 그 괴로운 마음을 회피하지 않고 직면하세요. 이 과정을 통해 변화할 수 있습니다.

감정 일기 예)

"오늘 아침 또 소리 질렀다. 아이가 신발 신는데 늦어져서, 그냥 도와주면 빨리 나갈 수 있었는데… 왜 나는 끝까지 참다가 화를 내는지 모르겠다. 도와주면 버릇 나빠질까 봐? 그냥 내가 요즘 너무 바쁘고 피곤해서 더 이상 여유가 없어서였던 것 같다. 요즘 들어, 아이가 나에게 기대려 하면 괜히 불안해진다. 내가 무너질 것 같은 느낌도 종종 든다. 누가 나 좀 도와줬으면 좋겠다는 생각이 든다. 근데 도와달라고 말하는 게 너무 어렵다. 아이한테 기대지 말라고 하면서, 정작 나는 아무한테도 기대지 못하고 있네. 왜 이렇게 이중적이지? 오늘은 아이에게 미안했다. 미안하다고 말했는데 표정이 말랑해졌다. 아이는 생각보다 내 실수에 괜찮은데, 나는 왜 이렇게 나를 높

**— 자신을 수용하기:** 감정 일기를 꾸준히 쓰다 보면 조금씩 변화가 일어납니다. '이런 감정이 있는 나'를 있는 그대로 인정하는 경험이 누적되죠. 강박적 성향의 부모는 평소에 자연스러운 감정을 억압하고, "이렇게 느끼면 안 돼"라는 기준으로 스스로를 압박하곤 합니다. 하지만 감정 일기를 통해 억눌린 감정을 꺼내놓다 보면, '나도 이런 감정이 있구나. 이건 잘못이 아니라, 그냥 내 마음이구나'라는 깨달음을 얻게 됩니다. 처음에는 자신이 기록한 다양한 감정들을 마주하며 수치심이 들 수 있습니다. 이때 중요한 것은 그 감정을 억지로 고치려 하지 않는 것입니다. 있는 그대로 두는 연습을 반복하면 점차 마음속 기준이 느슨해지고, 스스로를 향한 비난도 줄어듭니다. 이 과정이 바로 자기 수용입니다. 자기 수용이 생기면 아이를 대할 때도 감정을 수용하는 태도가 자연스럽게 적용됩니다.

**— 아이와 함께 감정 탐색하기:** 부모가 자신의 감정을 수용하기 시작하면, 아이와의 소통에도 변화가 생깁니다. 아이가 감정을 표현할 때 논리적으로 따지기보다, "네가 그런 감정을 느꼈구나"라고 수용하는 태도를 보여줍니다. 아이는 이 경험을 통해 자신의 감정을 인식하고 수용하며, 건강한 자아를 형성

하게 됩니다.

아이가 장난감을 사달라고 떼쓰는 상황에서, 감정을 탐색하는 대화의 예를 들어보겠습니다.

**아이** 이거 사줘!! 지금 당장!!

**부모** 아. 이걸 지금 갖고 싶은 마음이 엄청 큰가 보구나.

**아이** 응! 당장 갖고 싶단 말이야!

**부모** 이렇게 갖고 싶은 마음이 들면 몸이 막 답답해져?

**아이** 응, 막 뛰고 소리 지르고 싶어!

**부모** 그만큼 마음이 강렬하게 움직였다는 거네. 이렇게 갖고 싶은 이유가 있을 텐데…. 혹시 색깔이 마음에 들었어? 아니면 모양이 신기했어?

**아이** 이거… 친구가 갖고 있는 거랑 똑같아서….

**부모** 아! 친구가 가진 걸 보니까 너도 갖고 싶어진 거구나. 그런 마음 들 수 있어. 그 마음을 우리가 어떻게 다루면 좋을까? 오늘은 사는 날이 아니니까, 우선 사진 찍어서 사고 싶은 목록에 넣어보면 어떨까?

부모는 아이와의 관계 속에서 끊임없이 자신의 감정 문제를 마주하게 됩니다. 아이가 보이는 의존성과 불완전함, 서툰 모습들은 부모의 내면에도 오랫동안 억눌려 있던 취약한 감정을 비춰주는 거울과 같습니다. 그래서 아이의 행동이 불편하고, 거슬리고, 통제하고 싶은 것이죠. 그러나 우리는 지금까지와는 다른 선택을 할 수 있습니다.

부모가 자신의 감정에 집중하고 이를 있는 그대로 수용하는 경험을 하게 되면, 자녀 역시 감정을 억압할 필요가 없는 존재로 받아들이게 됩니다. 부모의 내면에서 일어난 수용의 경험은 그대로 아이에게 전달됩니다. "감정을 느끼는 너도 괜찮고, 그런 감정을 느끼는 나도 괜찮다."

이런 태도는 아이의 내면에 깊은 안정감을 주고, 스스로의 감정을 다스리고 조절할 수 있는 내면의 힘이 자라도록 돕습니다. 이 과정은 아이의 성장과 더불어 부모 또한 자신의 삶에서 누리지 못했던 정서적인 안전감을 새롭게 경험하게 됩니다. 성장의 주인이 아이만이 아니라 부모 자신이기도 한 것이죠. 이렇듯 육아는 아이의 발달만을 위한 여정뿐만 아니라, 부모가 정서적으로 성숙해지는 기회이기도 합니다.

특히 강박성 성향의 부모에게 가장 필요한 변화는, 아이를 바꾸려는 노력이 아니라 자신의 감정과 마주하고 이를 수용하는 일입니다. 그 작은 변화가 아이에게는 평생의 뿌리가 되고, 부모에게는 놓쳐왔던 정서적 회복을 가져다줍니다. 이것이야말로 육아가 주는 가장 근원적인 선물이기도 합니다.

  기댈 수 있는 아이는 흔들리지 않는다

- 통제하려는 충동을 내려놓으세요. 아이는 계획대로 움직이지 않는 존재입니다. 엄격한 기준과 통제로 아이의 행동을 교정하려 들면 부모는 번아웃에 빠지고 아이와의 관계는 딱딱하게 굳어집니다.

- 논리보다 감정에 먼저 집중하세요. 아이의 실수를 비난하거나 이성적으로 따지기보다 그 이면의 감정을 먼저 읽어주세요. 부모가 정서적 안전기지가 되어줄 때 아이는 비로소 스스로를 조절할 수 있는 힘을 얻습니다.

- 불완전한 자신을 먼저 수용하세요. 감정 일기를 쓰며 억눌린 내 마음을 있는 그대로 마주해 보세요. 부모가 자신의 연약함을 인정하고 수용할 때, 아이의 서투름도 비난 없이 품어줄 수 있는 여유가 생깁니다.

# 지나치게 엄격하고
# 권위적인 아빠

## : 공포 앞에서는 자율이 자라지 않는다

전통적으로 아빠들은 아이를 강하게 키우고 싶어 합니다. 세상이 결코 녹록지 않다는 것을 먼저 경험해본 어른으로서 아이에게 가장 필요한 것이 강인함이라고 믿기 때문입니다. 그래서 아이가 느슨해 보이면 다그치고, 실수라도 하면 바로 지적합니다. 때로는 목소리를 높여 훈육하고, 아이가 긴장하는 모습을 보면서도 강하게 해야 제대로 배운다고 믿습니다. 그 마음속에는 분명 사랑이 있습니다. 아이가 실패하지 않길 바라는 간절함이 있죠.

하지만 아이가 받는 메시지는 아빠의 의도와 다를 수 있습니다. '실수하면 아빠에게 사랑받지 못하는구나', '아빠 앞에서



기댈 수 있는 아이는 흔들리지 않는다

는 약하면 안 되는구나'처럼 받아들이는 것이죠.

안타깝게도 이런 양육 방식은 아이를 강하게 만들지 못합니다. 오히려 두려움을 느끼지 않기 위해 감정을 숨기는 아이가 되기 쉽죠. 공포심 앞에서 아이는 주도적으로 고민해보지 못하고 그저 복종할 뿐입니다. 복종하는 행동은 성숙해 보이기 쉬워 독립적인 듯 보이지만, 자율을 키우지 못한 가짜 독립일 뿐입니다.


## 권위주의의 뿌리
## : 강해야만 사랑받을 수 있었던 어린 시절

권위적인 태도를 지닌 아빠들은 대개 어린 시절, 엄격하고 강한 훈육을 받으며 자라온 경우가 많습니다. 어린 시절 부모에게 온전히 기대지 못했고, 약한 모습을 보이면 꾸중을 들었던 경험들이 있죠.

"남자가 그 정도도 못 참아?", "남자는 그런 일로 울면 안되는 거야", "남자는 책임져야지", "말대꾸하지 마. 똑바로 해."

이런 말을 들으며 자라온 사람들에게는 잠시라도 약한 모습을 보이는 것이 허락되지 않았습니다. 그래서 자연스러운 감정을 표현할 수 없었고, 자신의 약한 모습을 인정하지 못했습니다.

하지만 정작 아빠 자신은 약해도 괜찮은 사람이 되길 원했을 수 있습니다. 부모에게 보호받으며 울고 싶을 때 울고, 힘들다고 말하고 싶었을지도 모르죠. 그러나 그때의 나는 그럴 수 없었기에, 아이에게도 같은 기준을 들이밀게 됩니다. 내가 허용받지 못한 나약함이 내 아이에게서 보이는 게 견디기 어려운 것이죠. 결국 아이에게 전달되는 메시지는 '강한 사람이 되어라'라는 의미를 넘어 '약한 너는 용납되지 않는다'의 경고가 됩니다.

## 공포 기반 훈육: 규칙은 따르지만 마음은 움직이지 않는다

편안한 분위기에서는 부모 말을 듣지 않지만 큰 소리로 혼을 내면 바로 멈춥니다. 엄한 모습으로 일방적인 지시를 내리면 아이는 즉시 따르죠. 그래서 체벌과 위협은 아이의 행동을 고치는 가장 빠른 방법처럼 보입니다. 하지만 아이가 배우는 것은 규칙이 아니라 두려움일 뿐입니다.

공포 기반의 훈육을 경험한 아이는 겉으로 보기엔 잘 자라는 듯 보입니다. 하지만 자기 주도적으로 잘하고 싶어서가 아니라, 혼나지 않기 위해 행동한다는 것이 큰 함정이죠. 공부를 하는 것도, 예의를 지키는 것도, 형제와 사이좋게 지내는 것도 결국은 처벌을 피하기 위한 생존 기술일 뿐입니다. 이렇게 자

　　　　　　기댈 수 있는 아이는 흔들리지 않는다

란 아이는 스스로 고민하고 선택하지 않습니다. 본능적인 정답을 따를 뿐이죠. 그 정답은 부모에게 있다고 믿기 때문에, 스스로 생각하거나 자기 의견을 말하는 능력을 발달시키기 어려워집니다. 즉, 공포는 말 잘 듣는 아이로 만들 수 있지만, 자기 생각을 가진 사람으로 만들지는 못합니다.

흔한 예로, 엄격한 아빠가 퇴근 후 아이의 숙제를 확인하는 상황을 들 수 있습니다.

"이게 뭐야? 풀기만 하면 되는데 왜 틀렸어? 너 대충 했지?"

아이는 대답하지 않습니다. 그냥 고개만 숙입니다.

"대답해! 왜 이렇게 했어?"

"… 몰라요."

아빠는 아무 생각도 없냐며 분노하지만, 아이는 사실 속으로 생각하고 있습니다.

'지금 뭐라고 말해도 혼난다.'

공포라는 감정 앞에서 아이는 생각이 없는 게 아니라 생각을 감출 뿐입니다. 더 혼나지 않으려 침묵하는 것이죠.


## 가짜 강함, 가짜 독립성

권위적인 아빠 밑에서 자란 아이들은 때로 지나치게 의젓해

보이거나, 무엇이든 혼자서 척척 해내며, 감정 표현을 아끼는 모습을 보입니다. 겉으로는 진지하고 점잖게 비칠 수 있습니다. 그런데 이런 모습이 진정한 독립성일까요? 감정을 내보였다가 상처를 받을까 숨기는 것일 수 있습니다. 부모에게 기대지 않고, 불편한 감정을 표현하지 않으며, 자신의 나약함을 숨기는 것이죠. 마음을 들킬까 봐 두려워 혼자 버팁니다. 아이들은 부모의 도움이 필요하지 않은 게 아니라, 도움을 요청하는 법을 배운 적이 없기 때문이죠.

다시 한 번 강조하면, 정서적 의존이 안전하게 허용되지 않으면 정서적 독립도 이루어질 수 없습니다. 독립심은 혼자 버

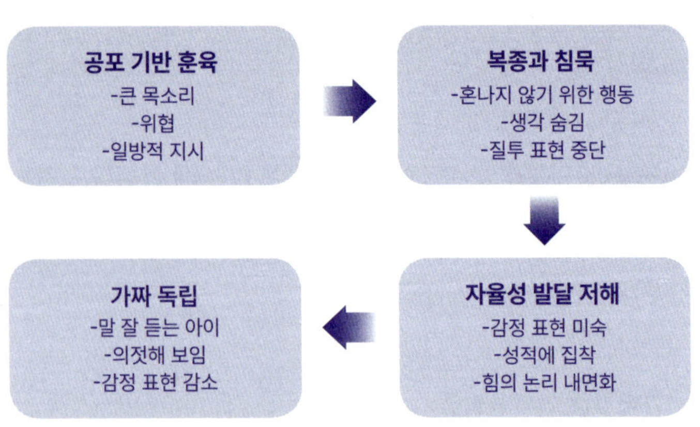


그림9 공포는 복종을 만들지만 자율은 키우지 못한다.

   기댈 수 있는 아이는 흔들리지 않는다

티면서 생기는 게 아닙니다. 오히려 도움이 필요할 때, 부모에게 의지할 수 있다는 믿음에서 시작됩니다.


## 공포 훈육이 남기는 세 가지 상처

공포를 기반으로 한 훈육은 즉각 행동 교정을 이끌어낼 수 있지만, 정서 발달과 자아 형성의 기저에 지워지지 않는 깊은 흔적을 남깁니다. 정서발달이론, 애착이론, 자기심리학, 신경생물학 등의 관점에서 볼 때, 공포는 아이의 자율성을 키우는 것이 아니라 생존 반응을 강화시킬 뿐입니다. 이런 반응은 아이가 성장한 후에도 부부 관계, 친구나 직장 등의 대인관계 속에서 반복됩니다.


### 1 감정 조절 능력의 결핍

감정 조절은 일방적으로 배우는 것이 아니라, 상호 관계 속에서 경험하는 것입니다. 부모는 아이가 감정을 표현할 때 이를 수용해주며, 이런 과정을 통해 감정 조절 방식을 경험하게 해야 합니다. 그러나 공포 훈육에서는 감정 표현이 금지되거나 처벌됩니다. 울면 "울지 마!", 화내면 "네가 뭘 잘했다고 화를 내?"라며 윽박지르고, 불안해하거나 두려워하면 "이런 걸로 겁내지 마!"라고 말합니다. 이때 아이는 감정을 다스리는 법을 배운 것이 아니라, 감정을 없애는 법만 학습하게 됩니다.

신경생물학적 관점에서 볼 때 두려운 상황에서 자라면, 아이의 뇌는 공포 반응과 관련된 편도체가 강하게 활성화되고, 감정을 조절하는 전전두엽의 발달이 억제됩니다. 이 결과 아이는 갑자기 감정을 확 터뜨려버리거나 감정을 완전히 숨기고 관계를 끊어버리는 방식으로 회피하는 모습을 보입니다. 한 예로, 시험에서 많이 틀려 혼이 난 아이는 나중에 그 시험지를 다시 보지 않을 수 있습니다. 귀찮아서가 아니라 시험지를 보면 억울한 감정이나 화가 치밀어 오르는 것이죠. 즉, 감정 조절 능력을 배우지 못했기 때문입니다.


## 2 힘의 논리로 행동하기


공포에 기반한 훈육은 아이에게 권력관계를 통해 세상을 바라보게 만듭니다. 강한 사람에게는 복종하고, 약한 사람은 통제하거나 지배해도 된다는 잘못된 가치관을 학습하게 되는 것이죠. 소위 말하는 강약약강의 모습입니다. 이런 아이들은 대체로 안정 애착을 경험하지 못해, 대인관계를 신뢰와 상호 협력이 아니라 통제와 복종의 대비 구조로 이해하게 됩니다.

예를 들어, 학교에서는 선생님 말씀에 무조건 복종하지만 동생이나 친구에게는 힘으로 밀어붙이고 큰 소리를 칩니다. 어른의 경우, 직장에서는 상사 눈치만 보고 집에서는 배우자나 자녀를 강하게 통제하죠. 이러한 관계 방식은 장기적으로 협동심 부족, 공감적 의사소통의 미숙, 관계 맺기의 어려움으로 이어집니다.

## 3 성취에 집착하기

공포 기반 훈육에서 아이는 조건적인 사랑을 배웁니다. 즉, 잘하면 칭찬과 관심을 받고, 못하면 비난이나 무시, 심지어 공포를 학습하게 됩니다. 이런 학습이 반복될수록 아이는 "나는 있는 그대로 사랑받지 못한다"는 자기 개념을 형성합니다. 이를 조건적 자기 가치conditional self-worth라고 합니다. 심리학자 하인츠 코헛은 아이가 성장하기 위해서는 미러링mirroring, 즉 긍정적 반응을 통해 '너는 가치 있는 존재다'라는 정서적 반영이 필요하다고 설명합니다. 그러나 공포 훈육에서는 아이의 존재 자체가 아니라 성과만 반영됩니다. 그 결과 아이는 자신의 존재 가치를 자신이 이룬 성과의 총합으로만 여기게 되죠.

이렇게 자라면 성인이 되어서도 능력을 인정받아도 마음속에는 공허함과 불안을 느끼고, 인정받지 못하면 존재가 무너지는 듯한 고통을 느낍니다. 배우자에게 사랑을 받으면서도 "이런 나를 정말 사랑하는 걸까?"라며 끊임없이 의심하기도 합니다. 공포를 기반으로 하여 성장한 사람은 누군가 자신을 사랑한다고 말해도 마음으로 받아들이지 못합니다. 사랑은 잘해야만 받을 수 있다고 배웠기 때문입니다.

## 권위주의를 내려놓는 방법
## : 기준보다 관계가 먼저다

엄격한 아빠가 변하기 위해서는 필요한 것은 단순히 훈육의 기준을 낮추는 것이 아닙니다.

"좀 더 덜 혼내야지", "규칙을 느슨하게 해야지."

이 같은 조절만으로는 변화가 어렵습니다. 진정한 변화는 엄격한 기준을 세우기 전에, 아이가 안전하다고 느낄 수 있는 환경을 조성하는 것, 즉 관계의 질을 바꾸는 것에서 시작됩니다. 엄격한 부모가 규칙을 강조하면, 아이는 혼나지 않는 방법

 기댈 수 있는 아이는 흔들리지 않는다

에만 집중합니다. 반면, 부모가 안전감을 주는 환경을 마련하면 아이는 어떻게 해야 더 잘 살아갈 수 있는지를 스스로 고민하게 되지요.

그렇다면 엄격한 아빠들이 현실에서 바로 적용할 수 있는 변화 방법은 무엇일까요? 아이의 마음에 규칙을 어겼다는 두려움이 아닌, '안전하다'는 새로운 경험을 심어주는 방식을 말씀드리겠습니다.


## 1 지적하기 전에 감정 먼저 묻기

아이의 행동 이면에는 언제나 감정이 층층이 깔려 있습니다. 하지만 권위적인 훈육 방식은 그 감정은 배제하고, 행동만 문제 삼습니다.

"왜 또 이렇게 했어?"

이런 질문은 아이가 왜 그런 행동을 했는지 궁금해서 묻는 게 아닙니다. 그래서 아이에게는 '너는 또 실패했다'는 메시지로만 들립니다.

대신 이렇게 물어보세요.

"오늘 컨디션이 안 좋았어? 어디가 어려웠어?"

이 질문은 아이에게 '네가 왜 그랬는지 궁금하다'는 관심의 신호입니다. 아이를 실패자가 아닌 존중받을 만한 이유가 있는 인격체로 대하는 것이죠.

감정을 묻는 질문은 그저 아이를 위로해주는 것이 아니라, 스스로 자신의 마음을 살펴보고 표현하는 능력을 키울 수 있게 도와줍니다. 감정과 생각을 표현할 수 있어야, 함께 문제를 해결할 수 있습니다.


## 2 잘못을 바로잡기 전에 안전한 분위기 만들기

아이에게 실수를 두려움 없이 말하게 하고, 나아가 문제를 해결하고 싶은 의지를 북돋는 가장 효과적인 말은 "괜찮아. 얘기해줘서 고마워"입니다. 부모가 실수 뒤에 숨은 마음에 관심을 기울이고 나를 도와주려는 믿음이 생기면, 아이는 문제를 숨기지 않고 드러냅니다. 자신의 실수나 문제를 숨기지 않는 순간부터 성장이 시작됩니다.

아이가 "이번 시험 문제가 너무 어렵고, 짜증나서 그냥 대충 풀었어"라고 말하면, 부모는 순간적인 반응으로 "아무리 그래도 짜증났다고 시험을 대충 푸냐?"라고 말하기 쉽습니다. 그러면 아이는 더 이상 부모와 대화를 이어가지 않습니다. 잘못을 바로잡기 전에 심리적으로 안전한 분위기를 만드는 데 집중하



기댈 수 있는 아이는 흔들리지 않는다

고 다음과 같이 말해보세요.

"짜증이 많이 났구나. 네 마음 그대로 얘기해줘서 고마워. 다음엔 어떻게 하면 좋을지 같이 생각해보자."

여기서 주의할 점이 있습니다. 제가 진료실에서 아이들에게 가장 많이 듣는 부모에 대한 불만과도 일치하는데요. "자꾸만 화를 내요", "못 놀게 해요"와 같은 말이 아닙니다. 바로 "부모님이 겉과 속이 달라요"라는 말입니다.

아이들은 부모의 말뿐 아니라 표정과 분위기를 전체적으로 살핍니다. "괜찮아"라고 말하고 나서 한숨을 쉬거나 표정과 목소리는 여전히 차갑다면 어떨까요? 아이는 위협적인 분위기에서 위로의 말을 듣는 것입니다. 부모의 말보다 표정, 톤, 눈빛이 안전감을 결정한다는 점을 기억하세요.

## 3 선택을 통제하지 않고 조율해주기

엄격한 아빠들은 아이에게 선택권을 주지 않습니다. 이는 곧 기강이 무너진다고 생각하기 때문이죠. 하지만 선택권은 자율성의 연습이며, 자율성은 곧 책임감으로 이어집니다.

"지금 할래? 10분 후에 할래?"

별거 아닌 듯한 이 질문은 아이가 하기 싫은 일에도 스스로 결정에 참여했다는 경험을 자연스럽게 만들어줍니다.

"숙제 먼저 할래? 30분 게임하고 시작할래?", "책 읽기 전에 샤워할래? 끝나고 할래?"

이 방식은 일의 본질을 바꾸지 않습니다. 숙제는 여전히 해야 하고, 규칙은 유지됩니다. 하지만 결정 과정에 아이가 참여했다는 사실은 자기효능감을 높입니다.

아이에게 좀처럼 선택권을 잘 내어주지 않는 아빠가 자주 하는 실수가 있습니다. 자율적인 선택권을 주는 듯하지만 둘 다 통제일 뿐인 선택권인 경우입니다. "지금 할래? 당장 할래?", "안 할 거면 아예 하지마"와 같은 식이죠.

### 4  존중을 요구하기 전에 존중을 보여주기

권위적인 부모는 아이에게 존중을 요구하지만, 존중은 오직 명령만으로는 얻을 수 없습니다. 존중은 일방적인 가르침을 통해 배우는 덕목이 아닙니다. 부모가 먼저 존중의 태도를 보여주고, 아이의 내면에 존중받는 경험이 쌓일 때 자연스럽게 따라오는 것입니다. "똑바로 대답해!", "아빠 말에 대답을 해야지"라고 압박하는 것이 아닌, "네 생각을 들려줘. 네가 어떻게 느끼는지 궁금해"라고 말할 때 아이는 자신이 대화의 주체임

    기댈 수 있는 아이는 흔들리지 않는다

을 느낍니다.

"감히 어른에게 그런 말투야?"가 아닌, "지금 네 말투에서 화가 느껴지는데, 지금 어떤 감정이야?"라고 말해보세요. 이 과정에서 아이는 존중의 방식으로 의견을 표현하는 법을 배웁니다. 존중받은 경험이 있는 아이만이 상대를 존중할 줄 압니다.

아이들은 존중받은 경험을 통해 자기 생각을 펼칠 수 있습니다. 또한 안전한 의존을 경험해야 세상과 건강한 관계를 맺을 수 있습니다. 공포는 아이를 멈추게 할 뿐이지만, 안전함은 아이를 성장시킵니다. 부모의 역할은 아이가 그저 말 잘 듣는 사람으로 성장시키는 것이 아니라, 아이가 자기 자신으로 살아갈 수 있는 내면의 힘을 가지도록 곁에서 지지해주는 것입니다. 아이의 자율성은 부모의 강압이 아니라, 안전함에서 자라납니다. 자율성은 아이를 세상 속으로 나아가게 하는 평생의 힘이 된다는 점을 꼭 기억하세요.

- 공포는 자율을 꺾는 장애물입니다. 위협으로 만든 복종은 가짜 독립일 뿐입니다. 혼나지 않으려 눈치 보는 아이는 스스로 생각하고 선택하는 힘을 잃게 됩니다.

- 강함보다 안전함을 먼저 선물하세요. 약함을 용납하지 않는 엄격함은 아이의 입을 닫게 합니다. "괜찮아"라는 안심이 선행될 때 아이는 실수를 숨기지 않고 성장을 시작합니다.

- 지시 대신 감정을 묻고 존중하세요. 잘못을 지적하기 전에 기분을 묻고 사소한 선택권을 줄 때 자율성이 자랍니다. 부모에게 존중받은 아이만이 자신과 타인을 존중하는 어른이 됩니다.

기댈 수 있는 아이는 흔들리지 않는다

# 무관심한
# 아빠

## : 간섭하지 않는다고 존중은 아니다

요즘 아버지들은 예전처럼 엄격하거나 강압적이지 않습니다. 소리를 지르거나 규칙을 강요하지 않고, 아이가 스스로 선택하고 결정하길 바란다는 이유로 뒤로 물러나 있는 경우도 꽤 많습니다. 어린 시절 경험한 엄격한 통제와 간섭에 대한 상처로 아예 간섭하지 않는 것이 존중이라고 생각하기도 합니다.

그러나 부모의 이런 태도는 아이에게 전혀 다른 의도로 다가갑니다. '아버지는 나에게 별로 관심이 없구나', '나는 기대되는 사람이 아니구나', '아무리 힘들어도 내가 알아서 해야 하는 거구나', '내 감정을 표현해도 달라지는 건 없네'와 같이 생각하게 되죠. 아이를 존중하고자 했던 아버지의 무관심은, 자유를 제공하는 것이 아니라 정서적 고립을 야기하게 됩니다. 정서적 고립은 그저 외로운 것이 아니라, 생애 전반에 영향을 미치는 관계 패턴을 만듭니다. 아이에게 필요한 건 "네가 다 알아서 해"가 아니라, 필요할 때 언제든 기대고 감정을 나눌 수 있는 정서적 안전기지입니다.


## 부모의 균형을
## 파괴하는 미신

이 문제는 아버지 개인의 성향만으로 설명할 수 있지 않습니다. 우리 사회가 오랫동안 양육을 엄마가 주로 해야 하는 영역으로 규정해왔고, 아빠는 가정 경제를 책임지는 사람으로만 기능하도록 만들었기 때문입니다.

요즘 SNS나 커뮤니티에서도 이런 방식의 질문이 자주 올라옵니다.

**1. 육아는 안 하지만 월 천만 원을 버는 남편**

**2. 육아를 도와주면서 월 삼백 버는 남편**

  기댈 수 있는 아이는 흔들리지 않는다

이 질문 자체에 이미 편견이 내포되어 있습니다. 수입이 많으면 육아를 함께하지 않아도 되고, 수입이 적으면 그 부족함을 육아로 메워야 한다는 뉘앙스가 섞여 있는 것이죠. 즉, 육아는 가족의 책임이 아니라 수입에 따라 배분되는 업무로 간주되는 것입니다.

이 질문은 여성에게는 다음과 같은 메시지를 전달합니다.

- 남편의 수입이 많으면 육아는 엄마인 당신이 해야 하는 일이다.
- 경제력이 부족하면 살림과 육아를 도와줘야 한다.
- 결국 육아의 총책임자는 엄마인 당신이다.

그리고 남성에게도 다음과 같은 메시지를 줍니다.

- 돈만 많이 벌면, 아이의 마음을 모르는 건 전혀 문제되지 않는다.
- 정서적 관계는 선택 사항일 뿐 참여하지 않아도 된다.
- 가사와 육아에 참여하는 남성은 '돕는 것'이지, 자신의 역할을 수행하는 것이 아니다.

이렇듯 질문 하나에도 경제력은 남성의 가치이고, 육아는 여성의 기본 의무이며, 남성이 육아에 참여하는 것은 '도와주는 행위'라는 왜곡이 담겨 있습니다. 하지만 당연하게도 아이의 정서 발달과 부모와의 관계 형성은 경제적 기여와 별개입니다. 아이의 발달에 필요한 것은 누가 더 많이 벌었는가가 아니라, 부모가 함께 곁에 있어 주었는가입니다. 부모의 경제력이 아이의 미래를 지탱해줄지는 아무도 장담할 수 없습니다. 그러나 아이가 부모라는 안전기지에 기대어도 괜찮다는 경험은 아이의 내면이 흔들리지 않는 기초가 됩니다. 육아는 경제력의 보상체계가 아니라, 한 인간이 성장하는 순간을 함께하는 관계적 역할입니다. 경제적 기여와 정서적 기여는 비교될 수 있는 영역이 아닙니다.

수십 년간 학원가에서는 이런 말을 농담처럼 던집니다. "입시 성공은 조부모의 경제력, 엄마의 정보력, 아빠의 무관심이 좌우한다." 이는 그냥 한 번 웃고 넘길 유머가 아니라, 우리 사회의 양육 구조를 왜곡시키는 위험한 생각입니다. 교육은 엄마가 책임지는 것, 돈과 정보가 미래를 결정한다는 것, 아빠는 조용히 뒤로 빠져 있는 게 낫다는 것이죠.

언뜻 보면 합리적인 전략처럼 보이지만, 이 말은 아이를 성과로만 평가되는 존재로 만들 뿐 아니라, 부모와의 관계를 통한 정서적 지지도 약화시킵니다. 이는 단지 정서적 불안정에 국한되지 않고, 학업에도 부정적인 영향을 미칩니다.

아이의 내면에 자리한 세 가지 욕구가 충분히 지지받을 때, 비로소 공부를 향한 동기가 꺾이지 않고 지속될 수 있기 때문입니다.

**1. 자율성:** 내가 선택하고 있다고 느끼는 것

**2. 유능감:** 할 수 있다고 느끼는 것

**3. 관계성:** 누군가와 연결되어 있다고 느끼는 것

즉, 부모와의 연결감이 결여된 상태에서의 성취는 불안과 회피에 기반하게 되어 취약한 동기가 될 수밖에 없습니다. 겉으로는 성실하고 스스로 잘하는 것처럼 보일 수 있지만, 그 동기의 실체는 '내가 하고 싶어서'가 아니라 '불안을 피하기 위해서' 형성된 것입니다. 이렇게 잘못된 동기로 쌓아올린 성취는 여러 부작용을 낳습니다.

어려운 문제를 마주하면 쉽게 무기력해지고, 실패하면 다시 시도하지 않고 회피하며, 실수 자체보다 실수한 나에게 집착하고, 결과를 통해서만 나의 가치를 확인하려 하죠. 입시에 성공한다 해도 정작 중요한 대학 공부나 이후 직장 생활에서 어려움을 겪게 됩니다. 감정은 삶에 영향을 많이 미치기 때문입니다. 저는 13년간 대치동 학원가에서 진료를 하며 '공부 정서'와 관련된 부작용이 뒤늦게 드러나는 경우를 수없이 보았

습니다.

결국, 부모의 무관심과 양육 불균형은 단지 감정적 결핍을 만드는 데서 멈추지 않습니다. 아이의 공부 방식 자체를 불안 중심으로 만들고, 설령 목표를 달성한다 해도 그 이후의 삶을 견뎌낼 내면의 힘을 약화시킵니다. 정서적 안정감이라는 단단한 기반 없이 이루어진 성취는 불안이라는 초라한 동기 위에 세워진 허술한 건물과 같아 작은 시련 앞에서도 쉽게 무너질 수 있습니다. 아이에게 필요한 것은 더 많은 정보나 더 촘촘한 계획이 아니라, 힘들 때 기대도 괜찮다는 안전한 경험입니다. 그 경험을 통해서만 아이는 실패 앞에서도 다시 선택할 힘을, 그리고 선택 앞에서 자신을 믿는 힘을 얻게 됩니다.

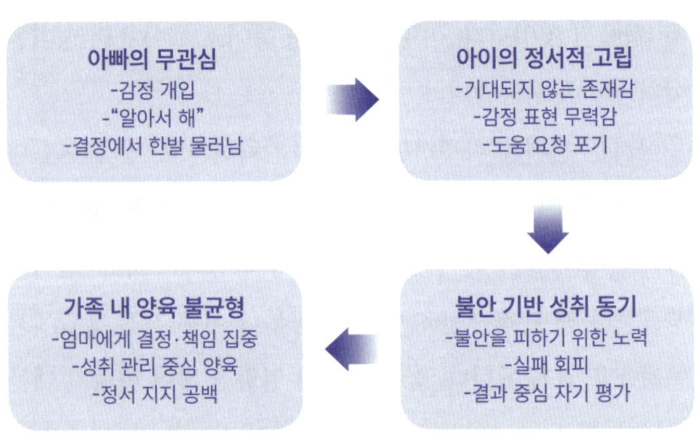



그림10 아빠의 무관심은 아이의 불안을 부추긴다.

   기댈 수 있는 아이는 흔들리지 않는다

# 엄마에게만 결정권이 쏠릴 때
# 학습은 전투가 된다

정보와 결정권이 엄마에게만 몰리면 양육의 균형을 잃게 됩니다. 엄마는 아이가 '지금 해야 하는 일'과 '앞으로 유리한 선택'을 위한 정보를 끊임없이 찾아야 하죠. 엄마가 양육을 주도하면 아빠는 빠지는 게 언뜻 효율적으로 보입니다. 아빠는 자연스레 아이에 관한 결정에서 멀어지며, 그저 뒤에서 묵묵히 지원하는 역할로 남게 됩니다.

이렇게 되면 아이의 삶은 지금 해야 하는 공부, 지금 선택해야 하는 학원, 나중에 유리한 활동, 남들보다 먼저 준비해야 하는 진로와 같은 성과 중심의 요소들로만 채워집니다. 모두 미래를 위한 투자라는 합리적인 목적성을 가지고 있지만, 성장하는 과정에서 아이는 자기 감정을 느끼고 표현하는 경험을 거의 하지 못하죠. 성취는 환영받지만, 감정은 불필요한 것으로 여기는 환경에서 자란 아이는 자연스럽게 정서적 실패를 허용할 수 없는 일이라고 생각합니다. 결국 아이는 성취를 통해 인정받는 경험만 하고, 실패했을 때는 있는 그대로의 자신을 받아들이지 못하게 됩니다. 그렇게 되면 실수나 좌절은 성장을 위한 배움의 과정이 아니라, 부끄러운 일이나 오점이 되는 것이죠. 자신의 속도나 감정을 조절하기보다는, 불안을 숨기고 버티는 방향으로만 적응하게 됩니다. 결국 겉으로는 열정적이고 능력 있는 아이처럼 보일 수 있지만, 내면에서는 실패에 대한 두려움에 압도당하고, 감정적 어려움을 표현하지 못한 채 정서적으로 고립된 사람으로 성장하게 됩니다.

뇌과학적으로도 이런 양육 환경은 아이의 성장에 매우 불리합니다. 아이의 뇌에서 문제 해결, 집중, 계획, 감정 조절과 같은 인지 기능들은 정서적 안정 상태에서 가장 활발하게 작동하기 때문입니다. 누군가에게 감정을 지지받는 경험이 많은 아이일수록 실제로 학습 능력과 실행 기능이 더 발달하는 것이죠. 그런데 성취만 강조하고 정서적 지지가 부족한 환경에서 뇌는 늘 위기 모드로 작동하게 됩니다. 이 상황에서는 단기적으로는 좋은 성과를 낼 수 있지만, 쉽게 소진되고 지속적인 성취로 이어지지 못하죠. 엄마 혼자 수많은 정보를 짊어지고 아빠는 정서적 거리감을 유지하는 가정에서, 아이의 뇌는 압박 속에서만 잠시 반짝이다 꺼지는 뇌가 되어버립니다. 시험을 잘 보고, 과제를 잘 수행하는 등 순간적으로 뛰어난 성과를 보여줄 수 있지만, 그 성취를 지탱할 내적 안정감과 자기 동기가 충분히 자라기 힘든 것입니다.

　　　　　　　기댈 수 있는 아이는 흔들리지 않는다

# 엄마도 무너지고,
# 아빠도 손해를 본다

아이를 낳고 키우는 과정에서 엄마는 자신의 이름을 잃어버립니다. 내 이름 대신 ○○엄마로 불리죠. 여기서 이름은 정체성의 상징입니다. 결국 내 고유한 가치보다는 엄마 역할을 하는 것으로 정체성을 결정하게 됩니다. 그 상황에서 엄마에게 모든 책임이 쏠리면, 엄마는 아이의 성취를 자기 가치의 일부로 느끼기가 참 쉽습니다. 아이가 실패하면 지나치게 죄책감을 느끼고, 아이가 성취하면 다음에 또 해내야 한다는 불안감을 갖게 되고, 이후에는 좋은 정보를 찾아야 한다는 압박감이 들죠. 결국 아이를 돕는 조력자의 역할이 아니라, 아이를 철저히 관리하는 삶을 살게 됩니다. 정서적 지지자가 아닌 성취 관리자로 변해버립니다. 점차 엄마는 아이와의 관계에서 누려야 하는 기쁨을 잃고, 아이와 함께 느끼는 경험을 상실합니다.

아빠가 무관심을 선택함으로써 정서적 관계에서 물러서면, 단지 아이에게만 손해가 아닙니다. 훗날 아빠 자신에게도 영향을 미칩니다. 아이가 자랄수록 아이의 고민은 엄마에게만 향하고, 아빠는 엄마를 통해 전달받으며 멀리서 지켜만 보는 사람으로 남게 됩니다. 부모자녀 관계는 시간이 흐르면 사랑만으로 유지되지 않습니다. 함께한 정서적 경험이 쌓여야 유지됩니다. 관계 형성을 하지 않았던 아버지는 아이의 마음에 들어갈 문을 만들지 못하고, 결국 성인이 된 아이와 어색한 사이가 될 수 있습니다. 아버지의 무관심은 아이의 정서적 자립을 막는 것뿐 아니라, 아버지 자신이 관계에서 배제되는 길이기도 한 것입니다.

## 무관심했던 아버지가 실천할 수 있는 정서적 참여 방법

정서적 안전기지는 거창한 행동으로 만들어지는 것이 아닙니다. 화려한 조언이나 완벽한 해결책도 필요하지 않습니다. 아이의 마음을 대신 해결해주는 부모가 아니라, 감정을 함께 통과해주는 부모가 되어주는 것이 핵심입니다. 아버지의 정서적 참여를 돕는 구체적인 방법들을 알아보겠습니다.

### 1. 대화는 질문이 아니라 감정 확인으로 시작한다

많은 부모가 아이와 대화할 때 질문부터 시작합니다.
"그래서 어떻게 했어?"
"그건 왜 했어?"
"다음엔 뭘 할 거야?"

이 질문들은 무심코 아이를 자신을 변호해야 하는 입장으로 몰아넣습니다. 대화의 첫 단계는 아이가 무엇을 했는지를 묻는 것이 아니라, 무엇을 느꼈는지 확인하는 것입니다.


"그때 기분이 어땠어?"

"너에겐 뭐가 제일 어려웠어?"

"그 상황에서 제일 힘든 건 뭐였어?"

질문이 아닌 공감적 확인이 아이의 마음 문을 열어줍니다.


**2. "도와줄까?" 대신 "옆에 있을게"라고 말한다**

도와주겠다는 말도 때론 의미가 있지만, 아이에게 정작 더 필요한 것은 문제를 혼자 떠안지 않아도 된다는 느낌입니다. 아이들은 부모의 예상과는 달리 문제 해결 방법 자체보다 문제를 함께 견뎌줄 부모를 원합니다.

"도와줄까?"

이런 질문은 문제 해결의 힘이 없습니다.

"같이 생각해보자."

"내가 옆에 있어줄게."

이와 같은 부모의 말은 아이의 불안한 마음을 안정시키고, 스스로 해결할 힘을 회복시킵니다.

### 3. 성과 중심의 칭찬보다 과정의 감정을 알아준다

"잘했어!"

"너 천재다!"

"역시 내 아들!

이런 류의 폭풍 칭찬은 순간 기분을 좋게 만들지만, 자칫 아이에게 '결과가 좋아야 인정받는 사람이 될 수 있구나'라는 것을 학습시킬 수 있습니다.

과정을 알아주는 칭찬은 내 존재 자체로 존중받고 인정받았다는 느낌을 줍니다.

"힘든데도 끝까지 했구나."

"포기하지 않아서 정말 대단하다."

"네가 노력한 게 느껴져."

결과가 아니라 노력하는 과정에서 보여지는 감정과 태도를 인정해주는 칭찬이 아이의 정서적 근육을 키웁니다.

### 4. 정답을 찾지 않아도 함께 있는 시간을 만든다

아이와 함께하는 시간이 반드시 교육적이어야 하는 건 아닙니다. 같이 걷기, 간단한 간식 즐기기, TV 함께 보기처럼 사소한 일로도 충분히 의미가 있습니다. 대화가 없어도 되고, 정답을 찾아가는 건설적인 시간이 아니어도 됩니다.

정서적 관계는 문제 해결과 관련된 정답과는 무관한 경우가 많습니다. 사람이 정서적 안전감을 배우는 방식은 함께 있으면서 아무 일도 하지 않는 시간에서 점차 누적됩니다.

아이를 키우는 것은 한 사람의 능력이 아니라 두 사람의 균형이 중요합니다. 입시는 결과를 낳을 수 있지만, 결코 아이의 인생을 지탱해주지는 못합니다. 정작 아이에게 필요한 성공은 입시 성적이 아니라, 삶을 고민하고 선택할 힘입니다. 그 힘은 결코 정보에서 오지 않고, 부모와의 안정적인 관계에서 단단하게 자랍니다. 엄마만 혼자 애쓰지 않고, 아빠가 정서의 자리를 함께 지켜내는 균형 잡힌 가정에서 자란 아이는 성과에 집착하는 인생이 아니라 스스로 삶을 선택하며 만족할 줄 아는 어른으로 자랍니다. 아버지의 무관심은 전략이 아니라, 아버지와 아이의 삶에서 가장 소중한 것을 잃게 만드는 관계의 부재라는 것을 명심하세요.

- 무관심은 존중이 아닌 고립입니다. "알아서 해"라는 방임은 아이에게 정서적 결핍을 남깁니다. 아빠는 경제적 후원자를 넘어 힘들 때 언제든 기대어 쉴 수 있는 든든한 정서적 안전기지가 되어야 합니다.

- 성취보다 연결감이 동기의 핵심입니다. 불안을 피하기 위한 공부는 쉽게 무너집니다. 아빠가 아이의 감정에 관심을 두고 연결될 때, 아이는 실패를 두려워하지 않고 스스로 삶을 개척할 진정한 주도성을 얻게 됩니다.

- 함께 견디는 시간을 공유하세요. 해결책을 제시하기보다 곁을 지키며 감정을 묻는 것만으로도 충분합니다. 결과에 대한 칭찬 대신 과정의 노력을 알아줄 때 아이는 존재 자체로 인정받는 행복을 배우며 자랍니다.

기댈 수 있는 아이는 흔들리지 않는다

# CHAPTER 5

# 정서적 수용과 대화법

# 정서적
# 수용

: 아이의 뿌리를 단단하게 하는 힘

지금까지 의존과 독립의 균형이라는 관점을 강조했습니다. 거시적 관점 없이는, 매 순간 흔들리기 쉬운 육아라는 긴 여정을 이어가기 힘듭니다. 부모도 쉽게 지치고, 아이의 발달 과정 또한 이해하기 어렵기 때문이죠. 아이가 건강한 의존을 거쳐 진정한 독립을 하기 위해 반드시 필요한 것 하나를 꼽자면 바로 부모의 정서적 수용입니다. 이 장에서는 아이의 나이와 상관없이 '어떻게 정서적으로 수용할 것인가'를 이야기해 보겠습니다.

## 정서적 수용이란
## 무엇인가?

먼저 의존과 독립의 개념을 다시 한 번 명확하게 정리해보 겠습니다. 이 두 가지는 우리가 평생 품고 가야 할 상반되면서 도 본능적인 인간의 욕구입니다. 부모가 된 후, 우리는 아이의 의존 욕구에 집중하게 됩니다. 아이는 본능적으로 부모에게 의존하고, 부모 또한 아이의 의존 욕구를 채워주면서 상호적 으로 의존하는 관계를 맺는데요. 이는 매우 바람직합니다.

하지만 이 과정에만 머물면 문제가 발생할 수 있습니다. 상 반된 욕구인 '독립 욕구'가 훼손될 수 있기 때문이죠. 독립은 '나 혼자 살 거야'라는 개념이 아니라 '내 자율성을 추구하는 본능', 즉 '내가 원하는 대로 생각하고, 느끼고, 결정하며 살고 싶은 욕구'입니다. 아이를 키우는 동안 아이에게만 집중하다 보면, 부모의 독립 욕구는 자연스럽게 훼손될 수밖에 없습니 다. 부모의 심리적인 고충이 이 지점에서 시작되죠.

20년 이상 이어지는 육아는 마라톤과 같아서, 이 두 욕구의 균형이 무너지면 결국 문제가 발생합니다. 아이 역시 부모의 정서적 불안정으로 인해 정서적인 상호작용이 어려워지죠.

따라서 우리는 거시적인 관점을 가져야 합니다. 독립이 중 요하다는 이유로 조기 독립을 강요하면, 아이는 겉으로만 독

   기댈 수 있는 아이는 흔들리지 않는다

립적인 척할 뿐, 마음에는 의존 욕구의 결핍이 계속 쌓여갑니다. 충분한 의존을 경험해야만 진짜 독립을 할 수 있습니다. 아이가 어릴수록, 적어도 미취학 아동기까지는 의존에 충분히 힘을 줘도 괜찮습니다. 이 시기에는 자아감이 견고해져야, 스스로 생각하고 감정을 인식하며 독립적으로 나아갈 수 있습니다.

그런데 많은 부모가 의존을 '스스로 아무것도 못 하는 연약한 상태'라고 부정적으로 인식합니다. 그래서 충분한 의존을 허락하는 것이 자칫 아이를 망치는 길이라고 오해하곤 하죠. 하지만 여기서 말하는 충분한 의존은 단순히 아이가 해야 할 일을 대신 해주거나, 일상의 미숙함을 채워주거나, 물질적인 풍요를 제공하는 개념이 아닙니다. 바로 '정서적인 수용'입니다.

정서적 수용은 부모에게 반드시 필요한 태도입니다.

'정서'는 감정(순간적으로 느껴지는 느낌)이 반복되었을 때 형성되는 큰 개념입니다. 부모는 아이의 감정을 실시간으로 헤아리는 것뿐 아니라, 이를 '수용'해야 합니다. 수용은 단순히 "그래, 그랬구나"라는 말을 외워서 하는 것이 아닙니다. 많은 부모가 수용을 오해하고 있습니다.

유치원에서 돌아온 아이가 표정이 안 좋아 보여서 "무슨 일

있었어?"라고 물었는데, 아이가 "아니, 아무 일도 아니야"라고 대답합니다. 이때 부모가 "그래, 그랬구나"라고 말하는 것은 수용이 아닙니다. 왜 아닐까요? 정서적인 수용이 아니기 때문입니다. 대화 안에 아이의 '감정'이 빠져 있습니다. 사건만 이야기했거나 부모가 겉으로 보이는 표정을 보고 '무슨 일이 있었을 것'이라고 추측한 것뿐이죠.

감정은 마음속에 자리한 주관적이기 때문에 겉으로만 보고 감정을 섣불리 추측하면 틀릴 가능성이 매우 높습니다. 사람은 누구나 자기 경험에 비추어 추측하기 쉽습니다. 내가 학창 시절에 친구 문제로 힘든 경험을 했다면 아이가 힘들어할 때 "친구랑 싸웠나?" 하고 추측하는 식이죠.

하지만 부모가 자녀의 마음을 다 안다고 느끼는 그 순간이야말로, 오히려 한 걸음 물러서야 할 때입니다. 아이를 잘 안다고 확신할수록 아이의 내적 경험을 존중하기보다 부모 자신의 기억과 감정을 아이에게 겹쳐 씌우기 쉽기 때문입니다. 아이러니하게도 정서적 수용이 무너지는 결정적인 지점이 아이의 마음을 이해하지 못해서가 아니라, 너무 빨리 이해했다고 착각하는 그 순간에 있습니다.

따라서 부모가 짐작으로 앞서나가기보다는, 아이가 스스로 '어떤 마음이었는지'를 충분히 표현할 수 있도록 안전하고 자연스러운 분위기를 만들어줘야 합니다. 이것이 바로 수용의

   기댈 수 있는 아이는 흔들리지 않는다

첫 번째 단계입니다.

부모 대부분이 아이가 말을 안 한다고 답답해합니다. 하지만 아이의 침묵은 갑자기 시작된 것이 아니라, 지금까지의 부모와 아이 관계에서 누적된 소통의 방식이 만들어낸 결과입니다. 아무리 내성적이거나 말이 없는 아이라도 지금까지 부모와의 상호작용이 대화에 그대로 드러납니다. 아이의 마음을 수용하고 싶다는 부모의 강한 마음이 있어야만 정서적인 상호작용이 가능해집니다.

많은 부모가 하는 실수는 육아의 산더미 같은 일을 처리하다 정서적 수용을 뒷전으로 미루거나, 은근히 피하는 것입니다. 저는 부모님들에게 죄책감을 가져야 한다고 말씀드리는 것이 아닙니다. 누구나 그런 상황에 놓이기 쉽습니다. 이를 위해서는 먼저 자신의 마음을 살피며 '나도 정서적인 수용을 해보고 싶다'는 자연스러운 동기를 갖는 데 집중해야 합니다.


## 먼저 '내 마음'을 닦는 과정이 필요하다

이 모든 과정의 핵심은 부모의 마음 관리에 있습니다. 아이는 부모와의 상호작용과 그 관계의 역사를 통해, 오늘 부모가 건네는 말 한마디에 어떻게 반응할지를 결정합니다.

정서적인 상호 작용을 하려면 부모는 아이의 마음속 깊은 곳까지 쑥 들어가야 합니다. 아이의 마음속에 들어갔을 때 신기하게도 부모는 자신의 '미해결된 감정'과 마주하게 됩니다. 어린 시절 부모로부터 겪었던 외로움, 무시, 슬픔 같은 감정들이 아이의 경험에 투영되어 수면 위로 다시금 올라오는 것이죠. 이점이 바로 육아에서 가장 힘든 부분입니다.

이런 이유로 부모는 아이의 마음속으로 들어가다가도 무의식적으로 아이와 거리를 두게 됩니다. 아이와 깊은 이야기를 나누고 나면 내 마음을 감당하기 힘들고, 어린 시절의 경험이 너무 많이 떠올라 괴로워지기 때문이죠.

하지만 부모가 자신의 마음을 닫은 채 아이의 마음을 헤아리는 것은 불가능합니다. 아이는 부모의 '정서적인 거울'에 비친 모습을 통해 자신의 감정을 인식합니다. 자기심리학의 관점에서 정서적 거울은 부모가 아이의 감정을 섣불리 판단하거나 교정하려 들지 않고 공감하며 투명하게 반영해주는 과정을 의미합니다. 아이는 자신의 감정을 스스로 명확히 인식하기 어렵기 때문에, 부모가 감정을 어떻게 읽어주느냐에 따라 "내가 느낀 이 감정은 실제로 존재하고 의미가 있구나"라고 배웁니다.

심리학자 하인츠 코헛은 이러한 공감적 반영이 반복될수록

 기댈 수 있는 아이는 흔들리지 않는다

아이의 자아는 점점 응집력을 갖게 되고, 결국에는 외부의 거울 없이도 자신의 감정을 인식하고 조절할 수 있는 내적 능력이 형성된다고 설명했습니다. 즉, 정서적 거울은 아이의 감정을 새롭게 만들어주는 것이 아니라, 아이가 자기 마음을 스스로 볼 수 있게 해주는 토대입니다.

거울이 스스로 빛을 내는 게 아니라 빛을 받아서 그대로 반사하듯, 부모는 아이의 감정을 인식하고 있는 그대로 비춰주는 거울이 되어야 합니다. 거울이 깨끗해야만 깨끗한 모습을 비출 수 있듯이 부모는 자신의 거울에 묻은 때 즉, '나의 마음'을 먼저 닦아야 합니다. 내 마음을 관찰하고, 내가 어떤 감정을 느끼고, 과거의 경험이 어디서 투사되는지 알아차리는 과정이 필요합니다. 이러한 '거울 관리'는 결국 '부모 관리'이며, 이것이 선행되어야 아이의 감정을 제대로 반사해줄 수 있습니다.

이러한 거울 관리가 거창한 자기성찰이나 완벽한 치유를 의미하지 않습니다. 오히려 부모가 자기 마음을 다스리는 아주 현실적인 기술에 가깝습니다. 간단한 방법 몇 가지를 살펴보겠습니다.

첫째, 아이의 감정 앞에서 내 마음이 먼저 흔들릴 때를 표시해둡니다. 아이가 울거나 짜증을 내는 등 유독 참기 힘든 순간이 있습니다. 그때 "왜 이렇게 예민해?"라고 반응하기 전에, 나 자신에게 아래의 질문을 건넵니다.

'지금 이 불편함은 아이의 감정일까, 아니면 내 과거의 감정일까?'

이 질문 하나만으로도 투사를 멈출 수 있는 여지가 생깁니다.

둘째, 감정을 바로 행동으로 옮기지 않고 감정에 이름 붙이기를 합니다. 아이와 대화하고 나서 마음이 무겁고 지칠 때 '짜증난다', '도망치고 싶다'로 끝내지 말고 한 단계 더 세분화해봅니다. 이 감정이 억울함인지, 외로움인지, 무력감인지를 구분해보는 것이죠. 감정은 이름이 붙여지는 순간, 나를 지배하는 에너지가 약해집니다. 이 과정은 아이를 위해서가 아니라 부모 자신을 보호하는 작업이죠.

셋째, 아이와 나의 감정을 분리해서 보관하는 연습입니다. 많은 부모님이 오해하는 점이 있는데, 아이의 슬픔을 공감한다고 해서 그 슬픔을 내가 그대로 떠안아야 하는 것은 아닙니다. "이건 아이의 감정이고, 나는 옆에서 함께 있는 사람이다"라고 마음속 경계를 그어보세요. 정서적 수용은 감정에 빠져드는 것이 아니라, 감정을 견딜 수 있는 자리에 서는 것입니다.

넷째, 반복되는 감정 패턴을 기록하거나 표현해보는 통로를 만드는 것입니다. 아이와의 특정 상황에서 늘 비슷한 감정이 올라온다면, 이는 우연이 아닙니다. 짧게 메모하거나, 신뢰할 수 있는 사람과 그 감정을 말로 풀어내는 것만으로도 거울

    기댈 수 있는 아이는 흔들리지 않는다

에 묻은 때는 조금씩 닦입니다. 충분히 표현되지 않았던 감정은 아이 앞에서 더 쉽게 튀어나옵니다.

다섯째, 부모도 완벽한 거울이 아니어도 괜찮다는 태도를 갖는 것입니다. 가끔은 흐릿하게 비칠 수도 있고, 왜곡될 수도 있습니다. 중요한 것은 이 사실을 인식하고 다시 닦으려는 자세입니다. 아이에게는 먼지 하나 없는 거울이 아닌, 스스로를 관리하는 태도를 가진 거울이 필요합니다. 이런 부모를 보고 자란 아이는 자신의 감정도 관리할 수 있는 사람으로 성장하게 됩니다.


## 감정 발달의 3단계
## : 인식 → 수용 → 조절


많은 부모님은 아이의 감정 조절 능력을 가장 중요하게 생각합니다. 감정을 조절할 줄 아는 아이가 문제 행동이 적고, 사회생활을 더 수월하게 할 것이라고 믿기 때문입니다. 성급히 화를 내지 않고, 울음을 빨리 그칠 수 있다고 생각합니다. 상황에 맞게 참고 넘길 수 있으면 학교에서도, 가정에서도 무난한 아이가 될 수 있다고 여깁니다. 또한 부모의 마음 깊은 곳에는 아이가 훗날 훌륭한 사람이 되길 바라는 간절한 기대가 자리 잡고 있습니다. 사회에서 인정받고, 관계를 잘 맺으려면 감정을 잘 다뤄야 한다고 생각하는 것이죠. 그래서 아이가 감정을 드러낼 때마다 '이걸 지금 바로 잡아줘야 나중에 고생하지 않는다'는 불안이 개입됩니다. 그 불안은 사랑에서 비롯되었지만, 때로는 아이의 감정을 이해하기보다 미래를 앞당겨 통제하려는 태도로 나타나기도 합니다. 하지만 감정 조절은 남이 해주지 않습니다. 아이가 스스로 자기 감정을 인식하고, 그 감정에 대한 확신을 얻었을 때 비로소 가능해지는 자연스러운 성장의 과정입니다. 그 구체적인 단계는 다음과 같습니다.

## 1단계: 인식

아이는 부모의 정서적 거울을 통해 자신의 감정을 인식합니다. 아이는 자신의 감정을 정확히 인식하고 구분할 수 있는 능력을 갖고 태어나지 않습니다. 그래서 불편함, 답답함, 분노, 서운함 같은 감정들이 한 덩어리로 느껴질 뿐입니다. 이때 부모가 아이의 표정, 말투, 행동을 보고 감정의 단서를 짚어주면, 아이는 "아, 이게 이런 느낌이구나" 하고 자신의 마음을 알아차리게 됩니다. 부모의 반응은 아이가 감정의 언어를 배우는 첫 과정이 됩니다.

 기댈 수 있는 아이는 흔들리지 않는다

## 2단계: 수용

부모가 아이의 감정을 모아주고 수용해줄 때 아이는 '내 감정은 이상한 게 아니구나'라는 확신을 얻게 됩니다. 여기서 말하는 수용은 감정을 바로 없애주거나 문제를 해결해주는 것이 아닙니다. 아이가 자신이 느낀 감정이 충분히 이해받고, 그 감정 때문에 관계가 깨지지 않는다는 경험을 반복하는 것입니다. 이 과정을 통해 아이는 감정을 숨기거나 부정할 필요가 없음을 배우고, 자신의 내적 경험을 신뢰하게 됩니다.

## 3단계: 조절

이러한 인식과 수용의 경험이 반복되며 자기감이 점점 단단해집니다. 이때 비로소 감정을 조절할 수 있는 힘이 생깁니다. 감정 조절은 감정을 억누르거나 참아내는 것을 의미하지 않습니다. 감정에 압도당하거나 휘둘리지 않고, 그 감정을 어떻게 다룰지 스스로 결정할 수 있는 심리적 여유가 생긴다는 뜻입니다. 자신의 감정을 알고, 그것이 받아들여질 수 있다는 안전감이 있을 때 아이는 스스로 감정을 가라앉히거나 표현 방식을 조절할 수 있게 됩니다. 결국 감정 조절은 훈련의 결과가 아니라, 충분히 이해받은 경험이 쌓여 만들어진 자연스러운 결실입니다.

부모는 이 순서를 잊지 말아야 합니다. 아이의 감정을 조절해주려 먼저 나서지 말고, 아이의 마음속 데이터를 수집하고 수용하는 데 집중하세요. 아이는 자신의 감정이 '괜찮다'라고 느낄 때 마음속 데이터를 더 많이 부모에게 보냅니다. 아이의 마음을 지켜주는 정서적 수용, 즉 아이의 뿌리를 튼튼하게 내려주는 이 과정이 진정한 육아의 시작임을 기억하세요.

## 판단이
## 정서적 수용을 방해한다

아무리 부모가 '반응보다 경청'을 먼저 하려 마음먹고, '어떤 말을 해도 괜찮은 분위기'를 만들려고 노력해도 방해꾼이 나타나기 마련입니다. 이는 바로 자동적으로 판단하는 습관이죠.

부모는 '내가 판단해야지 누가 판단하겠어?'라고 생각합니다. 물론 아이의 행동에 대한 판단은 필요하죠. 하지만 정서적 수용의 관점에서 판단은 전혀 필요 없습니다. 정서적 수용은 아이의 행동이 옳고 그름을 가리는 것이 아니라, 그 행동 이면

    기댈 수 있는 아이는 흔들리지 않는다

에 있는 아이의 마음을 이해하는 과정이기 때문입니다.

부모는 아이의 순수한 감정이나 생각을 듣고도 자꾸 앞서 나가서 '이거 좀 이상한데?', '이런 식이면 안 될 것 같은데?'라고 판단하려 듭니다. 하지만 마음은 판단할 대상이 될 수 없습니다. 그저 자연스럽게 일어나는 현상 그 자체이기 때문입니다. 이미 존재하는 마음을 '나쁘다'라고 판단하고 '하지 마'라고 억압하면, 아이는 그 마음을 더 강하게 느끼게 됩니다.

아이가 감정 표현을 하지 않는 이유는 단순히 내성적이라서가 아닙니다. 자기 감정을 이야기했을 때 부모로부터 받은 반응이 올바르지 않은 감정이라는 뉘앙스의 판단이었기 때문입니다. 부모가 비언어적으로 보여주는 걱정, 불안, 이상하게 바라보는 시선들이 모두 판단의 결과인 것이죠.

부모는 아이의 감정에 어떻게 반응하는지 스스로 살펴보아야 합니다. 아이가 화를 낼 때, 슬퍼할 때, 불안해할 때 어떻게 반응하나요? 혹시 아이의 감정을 판단하고 있지는 않은가요?

- **아이가 울 때 "그만 울어", "울어서 해결될 거 아니야"라고 말하기**
- **'별것도 아닌 걸로 힘들어한다', '나중에는 더 힘든 일이 많을 텐데' 라고 생각하기**

이러한 태도는 아이의 감정을 억압하고 덮어버리는 것입니다. 이는 수용이 아닙니다. 수용은 내가 아이의 마음속으로 들어가 보는 과정이 선행되어야 합니다.

부모의 이런 태도는 정서적 수용을 받아본 경험이 부족해서일 수도 있습니다. 하지만 내가 충분히 수용받지 못했다고 해서, 아이의 마음을 수용해줄 수 없는 것은 결코 아닙니다. 경험한 적이 없어 오히려 더 노력해서 아이의 마음을 섬세하게 잘 읽어주고 받아주는 부모도 많습니다.

또한 부모는 '과공감'이라는 함정에 빠지기도 합니다. 아이의 감정에 너무 깊이 몰입하다가 자신이 압도되어 힘들어지는 경우죠. 부모와 자녀의 관계도 인간관계이므로 아이의 감정에 너무 가까이 다가가면, 내가 상처받고 오히려 도망치게 될 수도 있습니다.

이러한 문제의 근본적인 해결책은 끊임없이 나를 관리하는 것입니다. 적절한 선을 지키면서 아이의 이야기를 들어줘야 합니다. 정신건강의학과 전문의들이 내담자의 감정에 압도되지 않고 공감하는 기술을 배우는 것처럼, 부모 또한 그 기술을 배워야 합니다. 물론 저도 내담자를 대할 때는 적절한 거리 유지를 잘 지키지만, 부모로서 자녀를 마주하는 순간에는 쉽지 않습니다. 하지만 그럴 때마다 의식적으로라도 거리를 유지하려고 노력합니다.

진정한 수용의 핵심은 부모가 아이의 감정을 똑같이 느끼는

 기댈 수 있는 아이는 흔들리지 않는다

것이 아니라 담아주는 것입니다. 아이가 느끼는 감정을 부모가 똑같이 느껴야 할 필요는 없습니다. 부모는 "아, 저 아이가 지금 저런 감정 상태에 있구나"라고 한 걸음 떨어져 관찰자의 위치를 유지하세요. 이것이 공감의 거리입니다.

구체적으로는 세 가지가 중요합니다.

첫째, 감정의 주어를 분리합니다. "너무 화가 나서 엄마도 미칠 것 같아"가 아니라 "네가 지금 정말 많이 화가 나 있구나"라고 말합니다. 감정의 주어를 '아이'로 남겨두는 것만으로도 과공감은 크게 줄어듭니다.

둘째, 해결하려는 충동을 잠시 멈춥니다. 부모가 감정에 압도될수록 빨리 해결하고 싶어집니다. 하지만 공감의 목적은 문제 해결이 아니라 정서적 안정입니다. "그래서 어떻게 할까?"라고 서둘러 대안을 묻기보다 먼저 "그만큼 속상했겠구나"라는 공감하며 해결해주고 싶은 마음을 멈출 수 있어야 합니다.

셋째, 부모 자신의 한계를 솔직하게 인식합니다. 지금 내가 너무 지쳐 있다면, 완벽하게 공감하려 애쓰지 않아도 됩니다. "엄마가 지금은 조금 벅찬데, 그래도 네 이야기는 듣고 싶어"라고 말하는 것은 공감의 실패가 아니라 건강한 경계 설정입니다.

부모가 무너지지 않아야 아이의 감정도 안전하게 머물 공간을 얻습니다. 아이의 감정을 내 마음 안으로 끌어당기는 것이 아니라, 부모라는 그릇 안에 잠시 담아두는 것입니다.

## 정서적 수용에 대한 흔한 오해
## : 버릇과 연약함

우리가 정서적 수용을 제대로 하지 못하는 무의식적인 이유에는 다음과 같은 오해가 깔려 있습니다.

— **"정서적 수용을 자주 해주면 버릇이 나빠질 거야."** 아이가 잘못된 행동을 했는데, 그 감정까지 받아주면 잘못된 행동을 반복할 것이라고 생각합니다. 하지만 이는 수용해야 할 '감정'과 통제해야 할 '행동'을 혼동하기 때문에 생기는 오해입니다. 오히려 정서적 수용을 잘해야 버릇이 안 나빠집니다. 아이의 행동 경계는 철저히 설정하되, 아이의 마음은 온전히 수용해야 합니다.

— **"정서적 수용을 자주 해주면 아이가 연약해질 거야."** 아이가 항상 누군가가 자기 감정을 챙겨줘야만 안정되는 온실 속 화

초가 될까 봐 걱정합니다. 하지만 이는 정반대입니다. 정서적 수용을 많이 받아야 내면의 힘이 생기고 오히려 단단해집니다. 감정을 수용받는 경험은 아이의 자아감과 자기 정체성을 탄탄하게 만듭니다.

아이는 부모라는 정서적인 거울을 통해 자신의 감정을 인식합니다. 감정 조절은 누군가 대신 해줄 수 있는 것이 아닙니다. 스스로 자신의 감정을 인식하고, 그에 대한 확신을 가질 때 가능해집니다. 감정에 옳고 그름은 없습니다. 그저 느끼는 대로 느끼는 것이 가장 자연스럽습니다. 자신의 감정에 대한 확신이 생겨야만, 오히려 타인의 감정 또한 수용할 수 있는 힘이 생기고, 사회성이 발달하게 됩니다.

정서적 수용이 아이에게 미치는 영향을 알아보겠습니다.

**— 자신을 수용하는 법:** 부모에게 감정을 수용받는 경험을 통해, 아이는 스스로를 수용하고 소중히 여기게 됩니다.

**— 안전기지:** 부모가 자신의 감정을 이해해주는 사람이라는 신뢰를 통해, 아이는 부모를 안전기지로 인식하고 세상을 향한 도전의 동기를 갖게 됩니다.

**— 감정 조절 능력:** 자신의 감정을 인식하고, 그에 따른 행동을 수많은 시행착오 속에서 스스로 조절해가는 연습을 통해 감정 조절 능력을 기르게 됩니다.

정서적 수용은 아이의 마음을 지켜주는 가장 근본적인 기술입니다. 또한 아이가 독립적인 존재로 건강하게 성장하는 데 필수적인 기반이 됩니다.

- 정서적 수용은 판단 없는 경청입니다. 아이의 감정을 부모의 경험으로 추측하거나 옳고 그름을 따지지 마세요. 아이가 자신의 마음을 있는 그대로 표현하도록 기다려주는 태도가 수용의 첫걸음입니다.

- 부모의 마음 거울을 먼저 닦으세요. 아이의 감정에 유독 흔들린다면 내 안의 미해결된 상처가 투사된 것은 아닌지 살펴야 합니다. 부모가 자신의 감정을 먼저 돌볼 때 아이의 마음도 맑게 비출 수 있습니다.

- 인식과 수용이 조절보다 먼저입니다. 감정 조절은 훈련이 아닌 충분히 이해받은 경험의 결실입니다. 아이가 감정을 스스로 인식하고 수용받는 과정을 거쳐야 비로소 자율적으로 감정을 조절할 힘이 생깁니다.

- 감정과 행동을 철저히 분리하세요. 행동의 경계는 단호하게 설정하되, 그 이면의 감정은 온전히 수용해주어야 아이의 자아감이 단단하게 뿌리내립니다.

- 적절한 공감의 거리를 유지하세요. 아이의 감정에 압도되지 않도록 관찰자의 위치를 지키는 기술이 필요합니다.

# 정서적 수용
# 실천하기

: 섣불리 추측하지 않고 조급해하지 않는 법

지금까지 정서적 수용의 중요성을 자세히 살펴보았습니다. 이제부터는 일상에서 아이와 마음을 나누는 정서적 상호작용의 구체적인 실천 방법들을 알아보겠습니다.

아이가 슬퍼할 때 "왜 울어", "아무것도 아니야, 괜찮아"와 같은 말로 아이의 감정을 차단하는 부모님들이 여전히 많습니다. 어떤 분들은 '왜 우리는 아이의 감정을 있는 그대로 받아주지 못할까?'라는 의문을 갖기도 합니다. 그 이유는 부모님들 스스로가 어린 시절 부모로부터 정서적 수용을 받아본 경험이 부족하거나, 감정을 잘 받아주면 아이가 '나약해질 것'이라는 오해를 품고 있기 때문입니다. 하지만 오히려 아이의 감정을



기댈 수 있는 아이는 흔들리지 않는다

억압하고 방치할 때 아이는 자신의 힘으로는 아무것도 할 수 없다는 무력감을 경험하고, 결국 나약한 아이로 성장하게 됩니다.

단, 우리가 알아야 할 것은 '정서를 수용하는 것'과 '행동을 허락하는 것'은 별개라는 점입니다. 이것이 바로 육아의 대원칙입니다. 마음은 수용하되, 행동은 조율하는 것이죠.

구체적으로 어떻게 하면 될까요? 부모가 아이의 마음을 어떻게 다뤄야 하는지 알아보겠습니다. 참고로 앞으로 소개하는 방법은 제가 정신건강의학과 전문의로서 임상 현장에서 실제로 사용하는 방법이기도 합니다.

## 정서적 수용의 첫 단추
## : '감정'과 '생각' 구분하기

우리는 흔히 '감정'과 '생각'을 혼동합니다. 아이의 마음을 다룰 때는 이 둘을 분리하는 것이 가장 중요합니다. 많은 부모가 아이의 감정을 듣는 순간, 그 감정을 사실 판단이나 문제 행동의 원인으로 착각합니다. 그래서 아이가 "짜증 나"라고 말하면 "왜 그렇게 생각해?", "그건 네가 오해한 거야", "그렇게 느낄 필요는 없어"라는 생각 교정부터 시작하게 됩니다.

하지만 부모가 감정을 부정할수록, 아이는 자기 감정을 있는 그대로 드러내는 데 혼란을 느낍니다. 자신의 느낌을 말했을 뿐인데 해석이나 훈계 반응을 받기 때문이죠. 감정은 설명하거나 고칠 대상이 아니라 그대로 받아들여야 할 신호입니다. 반대로 생각은 나중에 점검하고 조율할 수 있는 대상입니다. 이 둘을 구분하지 못하면, 아이의 감정은 틀린 것으로 취급되고, 아이는 자기 마음에 확신을 갖지 못합니다. 그래서 정서적 수용의 첫 단추는 감정과 생각을 분리해보는 연습입니다. 이 둘을 명확히 구분할 줄 알아야만, 비로소 감정은 안전하게 느껴지고, 생각은 감정에 휘둘리지 않으며 차분히 다룰 수 있습니다.

— **감정:** 마음에서 순간적으로 느껴지는 느낌입니다. 마치 신체적인 반응처럼, 어떤 상황에 대한 즉각적인 반응이죠. '화가 난다', '슬프다', '기쁘다', '부끄럽다'와 같은 느낌을 말합니다.

— **생각:** 감정이 일어나기 전후에, 그 상황을 자기만의 관점으로 분석하고 이름 붙이는 '머릿속 해석'입니다. '화가 나네. 내가 무엇을 잘못했나?', '나를 무시하는 것 같아', '어떻게 해결해야 할까?'와 같은 사고 과정이죠.

많은 부모가 아이가 느끼는 특정 감정 자체를 수용하기보다

 기댈 수 있는 아이는 흔들리지 않는다

는 그 감정 뒤에 숨겨진 '생각'을 교정하려 듭니다. 아이가 속상해서 울면, "울지 마. 그게 그렇게 슬퍼할 일은 아니야"라고 말하죠. 이는 아이의 감정을 무시하고, 부모의 생각으로 아이의 감정을 바꾸려 하는 행동입니다.

마치 아이가 넘어져 무릎에 피가 나는데, 부모가 "그 정도 상처는 아프지 않아, 뼈가 부러진 것도 아닌데 왜 그래?"라고 말하는 것과 같습니다. 상처가 아프다는 감정 자체를 인정하지 않고, 상처의 경중을 판단하는 것이죠. 이렇게 감정이 무시되면 아이는 '내 감정은 이상한 건가?', '내 감정을 솔직하게 표현하면 안 되는구나'라는 메시지를 받게 됩니다.

부모는 아이의 감정을 판단하고 억압하기보다, "아, 많이 아팠겠구나"라고 반응하며 아이의 감정을 수용해주어야 합니다. 아이의 마음은 겉으로 보고 추측하는 것과 다를 수 있다는 점을 항상 기억하세요.

상담 기법 중 하나인 정서중심치료EFT는 감정을 문제로 여기지 않습니다. 감정은 없애야 할 장애물이 아니라, 현재의 마음 상태를 알려주는 정보이기 때문이죠. 아이가 "짜증 나"라고 말할 때 그 말은 문제 행동의 변명이 아니라, 지금 마음속에서 어떤 일이 벌어지고 있다는 신호입니다. 하지만 부모들은 이 신호를 듣자마자 논리로 설명하거나, 사실 여부를 따지거나,

생각을 바로잡으려 합니다. 정서중심치료의 관점에서는 이 순간이 가장 중요합니다. 감정이 충분히 받아들여지지 못하면, 그 감정은 사라지지 않고 더 강한 형태로 남기 때문입니다.

그래서 정서중심치료는 감정을 다룰 때 '왜 그렇게 느끼는지'보다 '아, 그렇게 느끼고 있구나'라는 반응을 먼저 강조합니다. 감정이 안전하게 받아들여질 때 아이의 마음은 방어를 멈추고, 비로소 자신의 생각을 돌아볼 여유를 갖게 됩니다. 즉, 감정은 이해되기 전에 수용되어야 합니다. 감정을 충분히 느껴야 그 다음 단계인 생각의 점검과 조율이 가능해집니다. 정서적 수용이란, 아이의 생각을 논리적으로 바로잡아 주는 일이 아니라 아이의 느끼는 감정 그 자체로 존재해도 괜찮다는 안전한 경험을 먼저 주는 것입니다.

이러한 정서적 수용을 위해 필요한 것은 특정한 대화법이나 기술이 아닙니다. 아이와의 대화에서 무엇보다 중요한 것은 '부모의 마음가짐'입니다. 그 마음가짐의 핵심은 조급함을 느낄수록 오히려 한걸음 돌아가야 하는 마음의 여유에 있습니다. 대개 부모는 아이와의 관계에서 예기치 못한 문제가 발생하면 강렬한 조급함에 휩싸입니다.

이런 조급함은 어디서 오는 걸까요?

　　　기댈 수 있는 아이는 흔들리지 않는다

— **시간 부족:** 당장 해야 할 다른 일들이 많습니다.

— **사회적 기대:** '내 아이가 밖에서 이런 행동을 하면 남들이 나를 어떻게 생각할까?'라는 시선에 대한 불안감이 있습니다.

— **미래에 대한 불안:** '지금 이 문제를 해결해주지 못하면 아이가 나중에 더 큰 문제가 생길 거야'라는 걱정이 앞섭니다.

이러한 조급함은 부모를 가장 비효율적인 길로 이끕니다. 아이의 감정을 충분히 수용하기도 전에 '해결'이라는 결론으로 직진하려 하죠. 아이가 힘들어할 때 감정을 읽어주기보다 "힘내!", "괜찮아!"라고 말하며 감정을 덮어버리려고 합니다.

이러한 방식은 마치 깊은 상처를 소독하지 않고 그 위에 반창고만 붙여놓는 것과 같습니다. 아이의 행동은 문제의 본질이 아니라, 감정이라는 깊은 내면의 상처에서 비롯된 증상일 뿐입니다. 그 증상만 빨리 없애려 하다 보면, 우리는 아이의 감정을 억압하고 상처를 곪게 만듭니다.

아이가 울고 떼를 쓰는 행동을 보며 부모는 '이걸 어떻게 통제하지?'라고 생각하지만, 아이의 행동은 "내 감정 좀 제발 봐달라"는 아이의 간절한 외침일 수 있습니다. 부모가 아이의 외침을 외면하고 조급함에 못 이겨, 아이를 다그치거나 감정을 덮어버리려 하면 아이는 자신의 감정이 무시당했다는 느낌을 받게 됩니다.

많은 부모가 바라는 아이의 자기조절 능력은 자기 수용에서 비롯됩니다. 자기 감정을 인식하고 수용할 수 있는 사람이 비로소 자기 감정을 조절할 수 있습니다. 그리고 자기 감정을 스스로 다스릴 줄 안다는 조절의 느낌이 있어야만, 자신의 삶을 주도적으로 이끌고 싶은 마음도 생깁니다. 이것이 바로 회복탄력성의 핵심입니다. 좌절의 순간, 다시 일어설 수 있는 힘은 억압이나 공포에서 오는 것이 아니라, 안전한 환경 속에서 자신의 마음을 깊이 들여다보는 경험으로부터 길러지는 것입니다. 정서적 수용은 바로 이 모든 것의 시작입니다. 아이의 자기 존중감으로 이어지는 가장 중요한 밑거름인 것입니다.

아이의 마음에 다가갈 마음의 준비를 했다면 앞으로 어떻게 행동해야 할지 알아보겠습니다.


## 말은 줄이고 경청하기

그렇다면 조급함에 사로잡혔을 때 어떻게 해야 할까요? 가장 핵심적인 기술은 바로 '말 줄이고 경청하기'입니다. 이는 단

 기댈 수 있는 아이는 흔들리지 않는다

순히 아이의 말을 듣는 척하는 것이 아니라, 온 마음을 다해 듣는 훈련입니다.

아이가 입을 열기 시작했을 때 부모가 취해야 할 실전적인 태도는 다음과 같습니다.

— **멍석 깔아주기:** "음", "아, 그랬어?"와 같이 짧은 반응만으로도 충분합니다. 아이가 자신의 감정을 털어놓을 수 있도록 안전한 멍석을 깔아주는 것이 부모의 역할입니다.

— **조급해하지 않기:** 아이가 이야기하다가 침묵하더라도 조급해하지 마세요. 그 침묵의 시간은 아이가 자신의 감정을 곱씹고 생각하는 시간입니다. 그 시간을 기다려주는 것 자체가 아이에게는 깊은 수용의 경험이 됩니다.

반응보다 경청이 먼저임을 기억하고 실천해보세요.

아이가 무슨 생각을 하고 어떤 감정을 느꼈는지 '충분히 경청하는 과정'이 가장 중요합니다. 아이가 이야기할 때 부모는 섣불리 반응하려는 태도를 버리고, 아이의 말을 그대로 수집하려는 태도를 가져야 합니다. 아이의 감정을 파악하기도 전에 섣불리 공감하고 판단하는 것은 아이에게 벽처럼 느껴집니다.

부모가 아이의 마음을 이해하고 싶은 진정한 마음이 있다면, 그 마음은 무의식적 상호작용으로 전달이 됩니다. 아이는 언젠가 그 마음을 열고 이야기할 것입니다. 특히 부모와의 관계에서 일어난 감정이라면 말하기 더 어려울 겁니다. 하지만 아이들은 부모에 대한 의존 욕구가 늘 존재하기 때문에, 부모가 '지금은 내 얘기를 들을 준비가 되어 있구나'라는 느낌을 받으면 조금씩 마음을 엽니다.

이때 부모는 "왜?" 같은 질문으로 아이를 캐묻기보다 그저 조용히 들어주세요. "그런 일이 있었구나"라고 말하고, 아이의 표정을 관찰하며 궁금한 점을 마음속에 담아두세요. 충분히 들은 뒤에 그 궁금함을 담담하게 물어볼 때 아이는 부모의 진심을 느끼고 더 마음을 열게 됩니다.

**— 나의 감정 알아차리기:** 대화를 시작하기 전에, 또는 아이가 문제를 일으켰을 때 내 안에서 어떤 감정들이 올라오는지 알아차려야 합니다. '아, 내가 지금 화가 나는구나', '불안하구나', '어떻게 해야 할지 몰라 답답하구나'와 같이 내 마음을 읽는 것이 첫 번째 단계입니다. 내 감정이 어떤지 알아야만, 아이의 감정을 제대로 인식할 수 있기 때문입니다.

 기댈 수 있는 아이는 흔들리지 않는다

**— 한 템포 쉬어가기:** 내 감정을 알아차린 다음에는 의식적으로 잠시 쉬어가는 시간을 가져야 합니다. '내가 조급함을 느끼는구나. 지금은 돌아가야 할 때야'라고 스스로에게 말해주고, 숨 고르는 시간을 갖습니다.

**— 목표를 가지고 경청하기:** 이제 아이의 이야기를 들어야 합니다. 이때 부모는 마치 탐정이나 의사가 된 것처럼 아이의 말에서 '단서'를 찾아내겠다는 마음으로 들어야 합니다. 그 단서는 바로 아이의 '감정'입니다.

아이가 학교에서 있었던 일을 이야기할 때, 그저 사실 관계만 듣고 "누가 잘못했다"거나 "왜 그렇게 행동했어?"라고 판단하려 들지 마세요. 그 대신 아이의 목소리 톤, 표정, 사용하는 단어들을 통해 '아, 우리 아이가 그때는 실망했구나', '무서웠나 보네', '부끄러움을 느꼈구나'와 같은 감정의 단서들을 찾아내야 합니다. 아이의 이야기는 단순한 사건의 나열이 아니라, 감정이라는 중요한 단서들이 숨겨져 있는 '사건 현장'이기 때문입니다.

# 아이와 함께
# 감정 탐색하기

　정서적 상호작용에서 가장 중요한 점은 아이의 감정을 해결해야 할 문제가 아니라 함께 들여다볼 대상으로 바라보는 인식의 전환입니다. 많은 부모가 아이가 힘들어하면 그 고통을 하루라도 빨리 덜어주고 싶은 마음이 앞서 조언을 하거나, 설명을 덧붙이거나, 상황을 정리해주려 하죠. 그러나 아이의 감정은 서둘러 정리할수록 오히려 더 복잡해지고, 부모와 아이 사이는 더 멀어집니다. 아이의 감정은 아이 스스로 정리하도록 맡겨둘 대상도 아니며, 그렇다고 부모가 대신 처리해주어야 할 과제도 아닙니다.

　정서적 상호작용은 아이가 느끼는 감정을 부모와 함께 탐색해보는 경험을 통해 만들어집니다. 이 과정에서 중요한 것은 정답을 찾는 것이 아니라, 아이가 자기 마음을 천천히 살펴볼 수 있도록 곁에서 동행해주는 태도입니다. 감정을 함께 탐색하는 것은 아이에게 "왜 그렇게 느끼는지 말해 보라"고 요구하는 일이 아닙니다. 아이 스스로도 아직 말로 정리되지 않은 감정을 느끼고 있는 경우가 많기 때문이죠. 대신 부모는 아이의 말과 표정, 행동에 담긴 정서적 신호를 따라가며, 그 감정에 이름을 붙여보고, 머무르고, 지나가도록 기다려주는 역할을 합

　　　　　기댈 수 있는 아이는 흔들리지 않는다

니다.

이 경험 속에서 아이는 '내 감정은 혼자 감당해야 할 것이 아니다'라는 메시지를 배우게 됩니다. 이러한 감정 탐색의 과정은 단지 아이의 감정 표현 능력을 키우는 데서 그치지 않습니다. 부모와 함께 감정을 보살핀 경험이 쌓일수록, 아이는 자신의 감정을 더 세밀하게 인식하고, 감정이 소용돌이 치는 상황에서도 자신을 잃지 않는 힘을 기르게 됩니다.

정서적 상호작용을 위해 부모가 아이와 함께 감정을 탐색할 수 있는 구체적인 방법들을 소개합니다. 이는 아이의 감정을 해석하거나 평가하기보다, 아이의 마음을 따라가며 함께 살펴보는 실제적인 접근들입니다.

정서적 상호작용을 위한 구체적인 방법은 크게 세 가지 단계로 나뉩니다.


## 1단계: 감정 읽어주기 Reflection

첫 번째 단계는 아이의 감정을 부모의 입으로 읽어주는 것입니다. 아이가 어떤 이야기를 하거나 표정을 지을 때 부모는 다음과 같은 방식으로 말해줍니다.

"네가 A를 말하는 것을 보니, B한 것 같구나."

A에는 아이가 한 말이나 행동이 들어가고, B에는 부모가 추측한 감정이 들어갑니다.

예)

아이가 "친구가 내 장난감을 망가뜨렸어!"라고 말하며 화난 표정을 짓습니다.

부모의 반응: "네 장난감이 망가져서 화가 났구나."

이것은 아이의 감정을 '반영(reflecting, 거울처럼 상대방의 감정을 비춰주는 대화 기법)'하는 것입니다. 이 간단한 한마디가 아이에게는 '부모가 내 마음을 알아주는구나'라는 엄청난 의미로 다가옵니다. 특히 어린아이들은 자신의 감정을 정확한 언어로 표현하기 어렵기에, 부모가 감정의 이름을 붙여줍니다. 이는 아이의 '감정 인식 능력emotional awareness'을 키워주는 데 매우 중요합니다.

물론 부모의 추측이 틀릴 수도 있습니다. 이때 아이는 "아니야, 화난 게 아니야. 그냥 부끄러웠어"와 같이 자신의 진짜 감정을 말하게 됩니다. 이처럼 부모가 감정의 거울이 되어줄 때 아이는 자신의 감정을 인식하고 언어화하는 법을 배우게 됩니다.

   기댈 수 있는 아이는 흔들리지 않는다

## 2단계: 감정 탐색하기 Exploration

두 번째 단계는 아이가 자신의 감정을 조금 더 깊이 들여다볼 수 있도록 돕는 과정입니다. 이 단계의 핵심은 아이의 감정을 대신 해석해주는 것이 아니라, 아이 스스로 자신의 마음을 탐색해볼 수 있도록 질문을 건네는 데 있습니다. 앞선 단계에서 아이의 감정을 읽어주었다면, 이제는 그 감정 안으로 아이와 함께 한 걸음 더 들어가보세요. 이때 부모는 아이를 몰아붙이거나 답을 요구하는 질문을 해서는 안 됩니다. 아이의 마음을 '알고 싶다'는 진짜 궁금함에서 나오는 질문이어야 하죠.

예를 들어, 다음과 같은 질문들이 도움이 됩니다.

"그때 어떤 기분이 들었어?"

"그래서 너는 어떻게 하고 싶었어?"

"그 순간 네 마음속에는 어떤 생각이 떠올랐어?"

이런 질문들은 아이에게 정답을 말하라고 요구하지 않습니다. 대신 아이가 자신 안에서 일어났던 감정과 생각을 천천히 떠올려보게 합니다. 특히 감정과 생각을 구분해서 묻는 질문은 아이가 "짜증 났어", "화가 났어"라는 감정 표현을 넘어, 그 감정과 함께 따라왔던 생각과 욕구를 인식하도록 돕습니다.

아이들은 종종 감정과 생각을 하나로 뭉뚱그려 경험합니다. 감정을 말하는 것 같지만, 실제로는 생각을 말하거나 상황 설명에 머무는 경우도 많죠. 이때 부모가 "그건 네 생각이고, 감정은 뭐였을까?"라고 조심스럽게 짚어주면, 아이는 점차 자기 내면을 더 세밀하게 구분하는 연습을 하게 됩니다. 이 과정은 아이의 자기 이해 능력과 감정 조절 능력의 중요한 토대가 됩니다.

이때 부모는 아이의 답을 평가하거나 교정하려 들지 않아야 합니다. 아이의 말이 다소 엉성하거나 비논리적으로 들릴 수 있지만, 그 자체가 아이의 현재 마음 상태입니다. 부모는 "그건 틀린 생각이야"라고 정리해주기보다, "아, 너는 그렇게 느끼고 생각했구나"라고 받아들이는 태도를 유지해야 합니다. 그래야 아이는 자신의 마음을 숨기지 않고 더 깊이 들여다볼 수 있습니다. 감정 탐색은 아이의 감정을 분석하는 시간이 아니라, 아이가 자기 마음과 연결되는 시간입니다. 부모가 설부른 판단을 거두고 곁에서 질문을 던지고 묵묵히 기다려줄 때, 아이는 비로소 자신의 감정 뒤에 어떤 숨어 있는 욕구와 자신의 마음을 조금씩 알아가게 됩니다. 이 경험이 반복될수록 아이는 감정이 요동치는 순간에도 자신을 잃지 않고, 자신의 마음을 말로 표현할 수 있는 힘을 기르게 됩니다.

세 번째 단계는 아이가 자신의 감정과 생각을 충분히 이해한 후, 그 경험을 바탕으로 앞으로 어떻게 행동할지 스스로 고민해보도록 돕는 과정입니다. 이 단계는 감정에 압도되지 않고 어느 정도 생각을 유지할 수 있는 초등학생 이상 아이들에게 더 적합합니다. 감정 조절 능력이 아직 미숙한 아이에게 이 단계를 너무 일찍 요구하면, 아이는 다시 평가받는 느낌을 받거나 대화에서 물러나게 될 수 있기 때문이죠.

이 단계는 부모가 원하는 방향으로 아이를 유도하는 시간이 아니라, 아이 스스로 자신의 선택지들을 차분히 탐색해보는 연습의 시간입니다. 따라서 구체적인 해결책을 구하기 전에, 반드시 이전 단계에서 감정이 충분히 다루어졌는지 세심하게 점검해야 합니다.

이때 부모는 아이에게 다음과 같은 질문을 던질 수 있습니다.

"그래서 앞으로는 어떻게 해보고 싶어?"

"다른 방법도 있을까?"

"그렇게 하면 어떤 결과가 있을 것 같아?"

이 질문들은 아이에게 정답이나 방향을 제시하지 않고, 아이 스스로 생각을 확장하도록 돕습니다. 아이는 이 과정을 통해 자신의 감정, 생각, 행동이 서로 연결되어 있다는 것을 경험하며 배웁니다.

이때 부모는 아이가 내놓은 해결책이 미숙하거나 비현실적으로 보이더라도 바로 수정하려 들지 않습니다. 이 단계에서 중요한 것은 완성도 높은 해결책이 아니라, 아이가 스스로 생각해보았다는 경험입니다. 부모는 "그 방법도 하나일 수 있겠네", "그렇게 하면 이런 점은 괜찮을 것 같고, 이런 점은 조금 어려울 수도 있겠다"와 같이 판단이 아닌 확장을 돕는 조언자의 역할에 머무르는 것이 바람직합니다.

또한 부모는 결과를 대신 책임지지 않아야 합니다. 아이가 선택한 해결책을 실제로 시도해보고, 그 결과를 경험하도록 허용합니다. 물론 안전과 관련된 부분은 부모가 책임져야 하지만, 아이의 감정과 행동의 결과까지 모두 짊어지려 하면 아이는 선택의 무게를 배울 기회를 잃게 됩니다. 아이가 스스로 해결책을 고민하고 실행해보며, 그 결과를 다시 돌아보는 경험을 반복할 때 비로소 독립성이 자라납니다. 아이가 자신의 삶을 주도적으로 살아갈 수 있도록 돕는 과정임을 기억하세요.

   

# 자기 수용을 통한
# 양육 태도의 변화

부모가 조급함에 사로잡혀 있을 때 아이와의 대화는 늘 해결을 향해 급하게 흘러갑니다. 그러나 그 조급함을 내려놓고 한 걸음 물러나 '급할수록 돌아가기'를 시도하는 순간, 우리는 비로소 아이의 행동이 아니라 아이의 마음을 향해 말을 걸 수 있게 됩니다. 이때부터 대화의 목적은 문제를 끝내는 것이 아니라 관계를 회복하는 방향으로 바뀌기 시작합니다.

**— 문제 해결에서 정서적 수용으로:** 우리는 보통 아이와 이야기할 때 "이 문제 어떻게 해결할까?"에만 초점을 맞춥니다. 하지만 정서적 상호작용의 진정한 목적은 '해결'이 아니라 '수용'입니다. 아이는 부모가 자신의 감정을 있는 그대로 받아들여 주는 것만으로도 큰 위로와 힘을 얻습니다. 부모가 자신의 감정을 읽어주려 노력하는 것만으로도 아이는 '나는 중요한 존재구나'라는 느낌을 받게 됩니다.

**— 조언에서 경청으로:** 부모는 늘 아이에게 좋은 조언을 해주고 싶어 합니다. 하지만 아이의 감정을 수용하지 않은 상태에서 건네는 조언은 아무런 의미가 없습니다. 마치 전구(부모의

조언)만 주고, 전원을 공급할 전기선(정서적 연결)이 없는 것과 같습니다. 아무리 밝고 좋은 전구라해도, 전기선이 연결되지 않으면 빛을 낼 수 없습니다. 아이와의 정서적 연결이 없는 상태에서 건네는 조언은 아이의 마음을 통과하지 못하고 허공에 흩어지고 맙니다.

**— 가르침에서 모델링으로:** 부모가 아이의 감정을 경청하고 이해하는 모습을 보일 때 아이는 자연스럽게 '감정 인식'과 '경청'을 배우게 됩니다. 부모가 거울이 되어 자신의 감정을 비춰 줄 때 아이는 자신의 마음을 들여다보는 법을 배우고, 타인의 마음을 이해하는 공감 능력을 키우게 됩니다. 이것이야말로 부모가 아이에게 줄 수 있는 가장 훌륭한 가르침입니다.

물론 이 모든 과정은 매우 어렵고 힘듭니다. 특히 늘 바쁘고 시간에 쫓기는 현대 사회에서 부모에게 "조급함을 버리고 돌아가라"라는 말은 비현실적으로 들릴 수 있습니다. 하지만 이 모든 과정은 단기적인 효과를 노리는 것이 아니라, 아이의 삶 전체를 위한 장기적인 투자입니다.

앞서 말씀드렸듯이 저는 아이 키우는 과정을 나무 가꾸는 일에 비유하곤 합니다. 우리는 나무가 빨리 자라길 바란다고 해서 가지를 꺾거나, 뿌리를 억지로 뽑아 올리지 않습니다.

 기댈 수 있는 아이는 흔들리지 않는다

대신, 햇볕과 바람, 물과 거름을 주며 나무가 스스로 자랄 수 있는 최적의 환경을 만들어주죠. 나무는 그 환경 속에서 스스로의 힘으로 뿌리를 내리고, 가지를 뻗으며 튼튼하게 자라납니다.

부모의 역할도 이와 같습니다. 아이가 빨리 자라라고 억지로 잡아당길 수 없습니다. 대신, '정서적 수용'이라는 물과 거름을 꾸준히 공급하며, 아이의 마음이 건강하게 뿌리내릴 수 있는 비옥한 환경을 만들어주어야 합니다. 이 과정이 때로는 더디게 느껴질 수 있지만, 결국 아이가 스스로의 힘으로 건강하게 성장할 수 있는 가장 빠르고 확실한 길입니다.

조급함이 올라올 때마다 '한 걸음 돌아가야 할 때'임을 기억하세요. 그리고 오늘 하루 단 10분이라도 아이의 마음을 듣기 위해 말을 줄이고 경청하는 시간을 가져보세요. 그 작은 시작이 아이의 삶과 부모의 삶을 바꿀 것입니다.

- 감정과 생각을 구분하세요. 감정은 수용해야 할 신호이고 생각은 조율해야 하는 대상입니다. "짜증 나"라는 느낌에 논리적 이유를 따지지 말고, 감정 자체를 인정해주어야 합니다.

- 조급할수록 마음으로 돌아가세요. 문제를 빨리 해결하려는 조급함은 아이의 감정을 억압합니다. 당장의 행동 교정보다 아이의 내면을 살피는 '느린 대화'가 결국 가장 빠른 길입니다.

- 거울처럼 아이의 감정을 비춰주세요. "속상했구나"처럼 아이의 감정을 말로 읽어주는 '반영'이 중요합니다. 부모가 감정의 거울이 되어줄 때 아이는 비로소 자기 마음을 인식하고 조절합니다.

- 감정 탐색은 정답을 찾는 게 아닙니다. "어떤 기분이었어?"와 같은 질문으로 아이가 자기 내면을 들여다보게 도우세요.

- 수용이 탄탄해야 조율도 가능해집니다. 충분히 이해받아 안전함을 느낀 아이만이 부모의 가이드를 따라 스스로 행동을 조율할 의지를 갖게 됩니다.

 기댈 수 있는 아이는 흔들리지 않는다

# 정서적 수용의
# 실전편

## : 상황별 Q&A

> **고민 1** 아이가 친구랑 싸우고 와서는 "다시는 안 놀 거야"라고 말해요. 그 마음을 공감해주다 보면 아이가 관계를 쉽게 끊는 사람으로 자라지 않을까 걱정돼요.

**해답** 핵심은 언제나 마음 수용과 행동 조율의 분리입니다. 아이의 말 속에는 '관계를 끊겠다'는 선언보다, 상처받고 분노한 마음이 담겨 있습니다. "많이 속상했구나", "그 상황에서 화가 날 수 있겠다"처럼 아이가 느낀 감정 자체는 충분히 수용해주세요.

하지만 감정에 공감한다고 해서, 관계 단절이나 상대를 비난하는 행동까지 동의해야 하는 것은 아닙니다. 행동 영역에서는 조율이 필요합니다. "지금은 화가 나서 그렇게 느낄 수 있지만, 감정이 가라앉은 뒤에 어떻게 관계를 정리할지는 다시 생각해보자", "무엇이 힘들었는지 친구에게 말로 표현하는 방법도 있어"라고 말해주세요.

부모가 흔히 놓치는 것은 아이의 '싸웠다'는 말 뒤에 숨은 감정의 맥락입니다. 누가 먼저 시작했는지, 얼마나 억울했는지, 혹시 반복된 일은 아닌지 등 아이에게는 그 나름의 긴 이야기가 있습니다. 이를 무시한 채 "그래도 친구랑 사이좋게 지내야지"라고 덮어버리면, 아이는 자신의 경험과 감정 전체를 부정당했다고 느낍니다. 반면, 충분히 들어주고 이해받는 경험을 한 아이는 관계를 쉽게 끊어내지 않습니다. 오히려 감정과 관계를 분리해서 다룰 줄 아는 아이로 자라나죠. 마음을 먼저 존중받아본 아이만이 타인과 관계를 조율하고 회복하는 힘도 키울 수 있습니다.

> **고민 2** 아이가 친구가 싫다는 말을 자주 해요. 그 마음을 다 공감해주자니 혹시라도 나중에 그 친구를 만났을 때 대놓고 싫은 티를 낼까 봐 걱정돼요.

<u>해답</u> 이 질문 역시 마음 수용과 행동 조율의 분리를 이해해야 합니다. 친구가 싫다고 말하는 아이의 마음은 수용해야 합니다. "그 친구 때문에 마음이 상했구나"라고 아이의 마음을 있는 그대로 인정해주세요. 하지만 마음을 공감해준다고 해서, 아이가 친구에게 "너 싫어"라고 말하는 것을 허락하는 건 아닙니다. 행동은 "네 마음을 알겠지만, 친구한테 그렇게 말하면 안 된다"고 조율해주어야 합니다.

부모는 아이의 마음 수용을 쉽고 가볍게 생각하는 경향이 있습니다. 아이의 "싫다"라는 한마디에는 부모가 모르는 긴 서사가 담겨 있습니다. "싫어하는구나"라고 섣불리 수용하고 끝내는 것이 아니라, 그 감정의 배경에 있는 경험을 충분히 들어주어야 합니다. 이러한 경청을 통해 아이는 자신의 마음이 소중하다는 느낌을 받습니다.

> **고민 3** 아이가 "엄마는 나를 싫어해, 미워해"라고 노래를 불러요. 하지 말라고 하면 더 많이 해요. 수용해주기 힘들어요.

<u>해답</u> 마음은 수용하고, 행동은 조율하는 대원칙을 다시 한 번 기억하세요. 아이에게 그런 말을 하지 말라고 다그쳐도 아이는 더 거세게 반응할 뿐입니다. 아이는 엄마에게 그 행동 이면

에 있는 감정, 생각, 의도, 바람이 수용받지 못했다고 여겨, 이를 수용받으려 더 강하게 행동하기 때문이죠.

이런 상황에서는 감정적 수용이 먼저 이루어져야 합니다. "아, 네가 그런 말을 하는 걸 보니, 혹시 엄마가 너를 미워한다고 생각해서 속상하니?"라고 먼저 아이의 마음을 읽어주세요. 그다음 아이의 행동을 조율합니다. "그런 말을 자꾸 하면 엄마가 ○○의 마음을 오해하게 되어서 안 했으면 좋겠어"라고 알려주세요. 아이의 행동에는 분명한 이유가 있습니다. 그 이유를 찾아내는 것이 중요합니다.

**고민 4** 다자녀를 키우다 보니, 아이들이 싸울 때 한 편을 들지 않고 현명하게 두 아이의 마음을 모두 받아줄 수 있을까요? 너무 어려워요.

**해답** 결론부터 말하면, 두 아이의 마음을 동시에 다 받아주려 애쓰지 않는 것이 가장 중요합니다. 부모가 '공정하게' 중재하겠다는 마음으로 두 아이의 말을 한자리에서 듣기 시작하는 순간, 자신도 모르게 판사의 자리에 앉게 됩니다. 그러면 아이들의 관심은 자신의 감정을 말하는 데 있지 않고, 누가 더 유리한 판정을 받을 수 있을지에만 집중합니다. 이 과정에서 이긴



기댈 수 있는 아이는 흔들리지 않는다

아이는 '이렇게 말하면 엄마 아빠가 내 편을 드는구나'를 학습하고, 다음 갈등에서도 같은 방식으로 상황을 반복하려 합니다. 반대로 진 아이는 억울함을 품은 채, 다음번에는 들키지 않거나 더 교묘하게 이기려는 전략을 세우지요.

다자녀 가정에서 정서적 수용은 '동시에'가 아니라 '각각, 따로' 이루어져야 합니다. 싸움 직후 아이들이 흥분된 상태라면 두 아이를 마주 앉혀놓고 해결하려 하지 말고, 시간 차를 두고 한 아이씩 따로 만나세요. 물론 아이들은 "누가 잘못했는지 말해줘", "누가 먼저였어?"라고 재촉합니다. 이때 부모는 시시비비를 가려주고 싶은 유혹에서 빠져나와야 합니다. "지금은 누가 맞고 틀렸는지 정하는 시간이 아니라, 각자의 마음을 이해하는 시간"이라는 메시지를 반복해서 전달하세요.

부모가 누구의 편도 들지 않는다는 것은 아무도 이해하지 않는 중립이 아니라, 오히려 아이 한 명 한 명의 마음에 차례로 충분히 머무는 태도입니다. 이 경험이 쌓이면 아이들은 '싸우면 누가 이길까'를 계산하는 대신, '내 마음을 말하면 들어주는 어른이 있다'라는 안전감을 갖게 됩니다. 그 안전감이 형제자매 간 갈등을 줄이는 가장 강력한 기반이 됩니다.

**해답** 이때는 행동 조율을 먼저 알려줘야 합니다. 하지만 그렇다고 해서 마음 수용을 잊어서는 안 됩니다. "지금은 우리가 병원에 가야 해", "약속에 늦으면 안 돼"라고 단호하게 행동을 조율하되, "이따가 얘기해줄래? 엄마가 꼭 들어줄게"라고 말하며 아이의 마음을 수용할 의지가 있음을 보여주어야 합니다. 그리고 이후 아이의 이야기를 들어주세요.

아이는 자신이 쏟아냈던 구체적인 말이나 감정은 잊어버릴지 모릅니다. 하지만 '부모가 내 감정에 관심을 가지고 있구나, 내 마음은 소중하구나'라는 느낌은 무의식 속에 남습니다. 이 든든한 느낌은 아이가 자신의 마음과 생각을 더 구체적으로 인식하고 받아들이는 데 중요한 기반이 됩니다. 반면, 자신의 마음이 존중받지 못했다고 느끼며 자란 아이는 자신의 감정 자체를 인식하지 못하게 되고, 이는 결국 통제되지 않는 행동 문제로 이어집니다.

 기댈 수 있는 아이는 흔들리지 않는다

해답 이때는 '감정 수용 먼저, 현실 판단은 나중에'라는 원칙이 필요합니다. 아이가 "무서워"라고 말할 때 부모가 먼저 해야 할 일은 그 두려움이 합리적인지, 실제로 위험한지 판단하는 것이 아닙니다. 그저 "아, 지금 아이의 마음에 무서움이 찾아왔구나"라고 감정을 인정하는 것입니다. "그럴 리 없어", "무서운 상황이 아니야"라고 바로 정정하면 아이는 자신의 감정을 의심하게 됩니다. 무서움은 틀린 감정이 아닙니다. 아이에게는 분명한 신호로서의 감정이지요.

"지금 많이 무섭게 느껴지는구나", "그 상황이 너한테는 무서울 수 있겠다"처럼 아이의 감정 자체를 있는 그대로 받아주세요.

두려움을 공감한다고 해서 아이의 모든 회피 행동을 그대로 허용해야 하는 것은 아닙니다. 행동 영역에서는 적절한 현실 조율이 필요합니다. "무섭다고 느낄 수는 있지만, 엄마가 옆에 있고 지금은 안전해", "조금 무섭지만 여기까지는 같이 해볼 수 있을 것 같아"라며 안전감을 동시에 전달해야 합니다. 부모들은 흔히 두려움을 수용하면 아이가 더 약해질 거라는 생각하지만 실제로는 반대입니다. 자신의 두려움을 충분히 이해받은 아이는 그 감정에 압도되지 않고, 오히려 무서움을 끌어안고 앞으로 나아가는 힘을 키워갑니다.

아이의 "무서워"라는 말속에는 단순한 공포를 넘어, 앞으로의 상황에 대한 불확실함, 혼자 감당해야 한다는 느낌, 혹은 통제할 수 없을 것 같은 불안이 섞여 있는 경우가 많습니다. 이런 배경을 충분히 살피지 않은 채 "괜찮아"만 반복하면, 아이는 자신의 감정을 숨기거나 더 크게 표현하게 됩니다.

아이에게 필요한 것은 무서움을 없애주는 부모가 아니라, 혼자가 아니라는 안전감을 주는 부모입니다.

> **고민 7** 아이가 자주 실수를 해요. 숙제도 잊고, 약속도 놓치고, 같은 실수를 반복하기도 합니다. 그럴 때마다 아이 마음에 공감해주면 책임감이 없어지지는 않을까요?

**해답** 이 상황에서도 핵심은 감정 수용과 책임 조율을 분리해서 이해하는 것입니다. 아이의 실수 앞에서 부모가 가장 먼저 해야 할 일은 원인을 추궁하거나 해결책을 제시하는 게 아니라, 아이의 마음을 헤아리는 것입니다. 실수 뒷면에는 당황함,

　　　　　기댈 수 있는 아이는 흔들리지 않는다

창피함, 죄책감, 혹은 들킬까 봐 무서운 마음 등 다양한 감정들이 복잡하게 얽혀 있습니다. 이 감정들이 정리기도 전에 "왜 또 그랬어?", "몇 번 말했니?"라는 말을 들으면, 아이는 반성보다 비난을 피하는 데 더 에너지를 쓰게 됩니다.

부모는 "많이 당황했겠다", "실수한 걸 알고 마음이 불편했을 것 같아"라며 아이의 감정을 읽어주고 수용해주어야 합니다. 이는 실수를 덮어주는 것이 아니라, 아이가 자신의 실수를 직면할 수 있도록 마음의 방어벽을 낮추는 과정입니다.

감정이 충분히 수용된 이후에는 비로소 행동과 책임을 조율할 수 있습니다. "그럼 이 실수는 어떻게 정리하면 좋을까?", "다음에는 비슷한 상황에서 어떤 도움이 필요할까?"처럼 해결을 함께 고민하는 단계로 넘어가세요.

부모가 흔히 공감이 아이를 느슨하게 만들지 않을까 걱정하지만 전혀 그렇지 않습니다. 비난 속에서 자란 아이는 변명하는 법을 배우고, 수용 속에서 자란 아이는 책임감을 배웁니다. 아이에게 필요한 것은 '실수하면 혼난다'는 기억이 아니라, '실수해도 관계는 안전하고, 다시 정리할 수 있다'는 경험입니다. 이 경험이 반복될수록 실수를 숨기는 아이가 아니라, 실수를 인정하고 수정할 줄 아는 아이로 자랍니다. 부모의 역할은 실수를 없애주는 게 아니라, 실수를 배움으로 연결해주는 것입니다.